高校への数学

解法のエッセンス
立体図形編

本書の利用法

◆ 本書の特色 ◆

　本書は，標準〜難関高校受験を目指す中学生向けの分野別の解説書である"解法のエッセンス・シリーズ"の中の「立体図形編」です．

　このシリーズは，'教科書レベル'から'難関高校入試レベル'への橋渡しを目指すものですが，特に本書で取り上げる「立体図形」の分野では，この2つのレベル間の格差が顕著です．教科書ではあまり詳しく触れられておらず，しかも入試においては難問率が極めて高いのがこの分野の特徴だからです．そこで，本書では，その深い溝を埋めるべく，以下のような特色を持たせています．

　まず，教科書レベルの知識は一通り身に付けていることを前提にします．その上で，各項目ごとに，

重要な定理や公式，必須知識などを，主に例題の解説を通して学習し，その理解度を，例題よりはやや難しめの練習問題を解くことで確認する

という流れになっています．例題・練習問題はともに，近年の高校入試問題の中から演習する価値の高い良問を精選していますが，月刊誌「高校への数学」で用いられている難易度，

　　　　　A … 普通，B … 少し難，C … 難，D … かなり難

に照らすと，例題はA〜B，練習問題はB〜Cレベルのものが中心になっています．

◆ 本書の構成 ◆

　本書は大きく，右のような3部構成になっています．

　'第1部：必修編'で立体図形の必須事項を学んで強固な土台を作り，'第2部：応用編'では

| 第1部：必修編 |
| 第2部：応用編 |
| 第3部：ランダム演習 |

やや発展的な話題を通してゆるぎない実力を築き上げ，'第3部：ランダム演習'で最後の総仕上げを図る，という構成です．

第1部は，'第1章：角柱・角錐の Training' と '第2章：球・円柱・円錐の Training' とに2分され，それぞれが 4～5 個の Section に分かれています．また第2部は，入試でよく扱われる話題(テーマ)ごとに 9 個の Section に分類され，それぞれのテーマの攻略法が詳細に解説されています．

　さらに，本書全体を通して，'ミニ講座' や 'コラム' なども散りばめられ，巻末には，本書で用いられている「立体図形」以外の分野の '定理・公式集' が用意されています．

◆ 本書で使われている記号 ◆

★ ………問題番号の右肩に付いている場合は，**難易度が C レベルの発展問題**であることを表します．

解 ……その問題の本解を表します．

別解 ……本解に対する別解を表します．

➡注 ……解答の補足や問題の背景等々の注意事項です．

■研究 …その問題についての一般論や，高校(以上)で学ぶ内容などの発展事項が述べられています．

☞ ………参照してほしいページや事項を指し示しています．

　　　　　　　　　＊　　　　　　　　　＊

　その他，重要部分や注目してほしい部分は，太字になっていたり，網目がかけられていたり，傍線(―――や▬▬▬など)が引かれていたりしています．そのような箇所は，特に念入りにチェックして下さい．

 目 次

本書の利用法 ……………… 2

第 1 部　必修編 ……………… 5

　第 1 章　角柱・角錐
　　　　　　　の Training
　　1　角柱・角錐の切断面 …… 6
　　ミニ講座①　三垂線の定理 … 11
　　2　角柱・角錐の切断（1）… 12
　　3　角柱・角錐の切断（2）… 18
　　ミニ講座②　ねじれの位置 … 23
　　4　角柱・角錐の体積（1）… 24
　　5　角柱・角錐の体積（2）… 30
　　練習問題の解答 ……………… 34

　第 2 章　球・円柱・円錐
　　　　　　　の Training
　　1　内接球 ………………… 44
　　2　外接球・辺に接する球 … 48
　　3　円錐と円柱 …………… 52
　　4　立体の交わり ………… 56
　　練習問題の解答 ……………… 60

第 2 部　応用編 ……………… 67

　1　正多面体の埋め込み …… 68
　2　角柱・角錐と動点 ……… 71
　3　正体不明の立体 ………… 76
　4　折れ線の長さの最小 …… 80
　5　糸を巻く ………………… 83
　6　重ねる・削る …………… 86
　7　影の問題・水の問題 …… 90
　ミニ講座③　立方体の対角線 … 95
　8　空間での回転 …………… 96
　9　複数の球 ……………… 102
　練習問題の解答 …………… 109

第 3 部　ランダム演習 … 127

　問題 ………………………… 128
　解答・解説 ………………… 132

　他分野の定理・公式集 …… 142

第1部　必修編

- 第1章　角柱・角錐の Training
  - 解説 ………………… p.6〜33
  - 練習問題の解答 ………… p.34〜43
- 第2章　球・円柱・円錐の Training
  - 解説 ………………… p.44〜59
  - 練習問題の解答 ………… p.60〜66

　ここでは，立体図形の学習の基盤となる知識の確認・習得を目指します．
　第1章で，平面によって囲まれた図形(角柱・角錐)を扱い，第2章で，曲面が現れる図形(球・円柱・円錐)を扱います．
　この必修編で，第2部以降の難問にも太刀打ちできる実力の養成をはかりましょう．

第1章 角柱・角錐のTraining

◆Section ① 角柱・角錐の切断面

　平面は，(一直線上にない) **3点で決まります**．右図のように，その3点で1つの三角形ができ，それを含む平面(図の網目部)が確定するからです．すると，立体の表面上の(一直線上にない)3点が与えられれば，その3点を通る切断面が決まることになります．

　以下ではまず，立体の切断面のとらえ方を，最も基本的な立体図形である立方体について学ぶことにします．

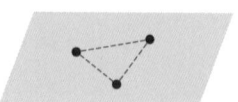

1. 立方体の切断面

　立体の切断面をとらえる原則は，次の3つです．
　Ⅰ．同じ表面上にある2点は，直線で結ぶ．
　Ⅱ．平行な表面上の切り口は，平行線になる．
　Ⅲ．Ⅰ，Ⅱで引いた直線を伸ばす．

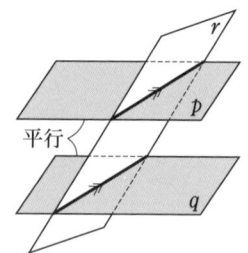

Ⅱについて：平行な2平面 p, q を平面 r で切るとき，切り口の2直線は平行になる．

　右図の立方体を例にとりましょう．表面上の3点A, B, Cを通る切断面を考えてみます．
　① まず，Ⅰにより，AとBを結ぶ．
　　［AとC, BとCは，結べない．］
　② 次に，Ⅱにより，図の平行線CDを書く．
　　［Ⅰ, Ⅱではここまでなので，Ⅲを使う．］
　③ 直線CDを伸ばして，E, Fをとる．
　④ EとA, FとBを結び，G, Hをとる．
　⑤ Ⅰにより，GとC, HとDを結ぶ．
　　［切断面のとらえ方は，他にもある．］

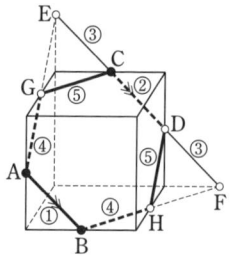

切断面は，図の太線の六角形ABHDCG．

Section ① 角柱・角錐の切断面

少し,練習してみましょう.

例題 1. 次の各立方体を,●の3点を通る平面で切ったときの切り口を,図に書きなさい.

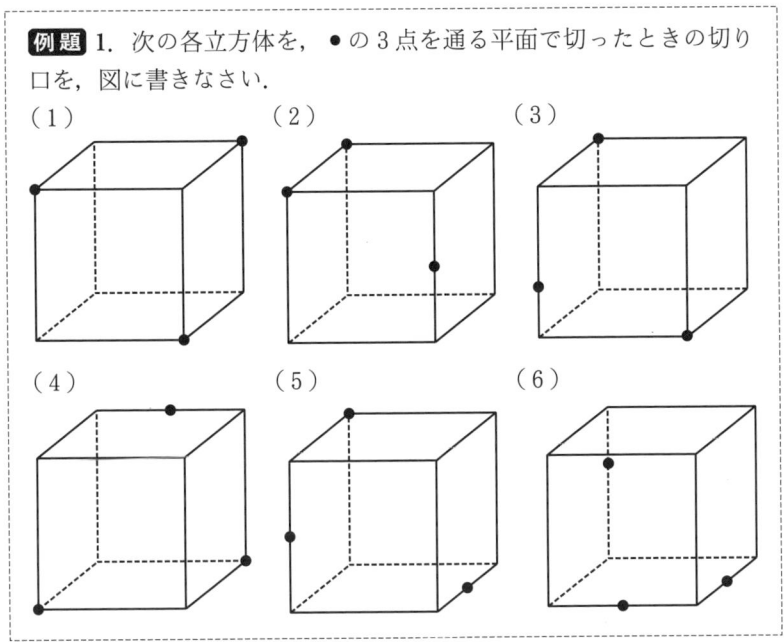

左ページのⅠ～Ⅲの原則を踏まえて,切断面を書きこんでいきましょう.やり方はいろいろあります.下記は,その一例と考えて下さい.

解 切断面は,各図の網目部分のようになる(①,②などは順番を表す).

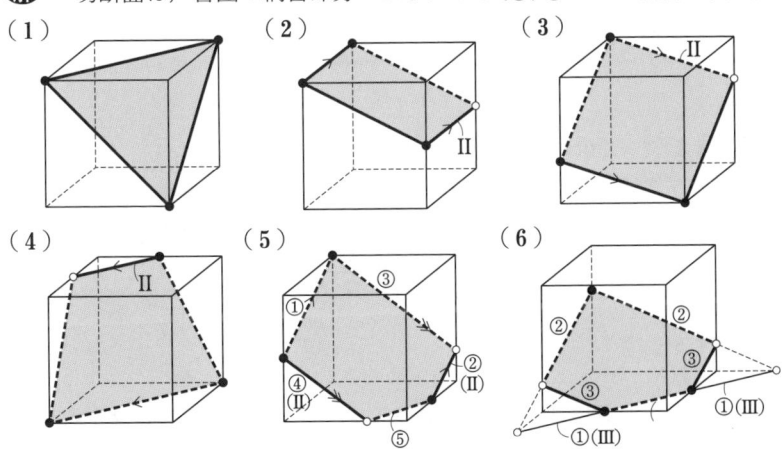

7

以上の例で，立方体の切断面として，
　　三角形・四角形・五角形・六角形 ……㋐
が現れましたが，（立方体の面は6つですから）七角形以上が現れることはありません．

また，例えば例題1の(5)，(6)の切断面は，ともに2組の平行な辺をもつ五角形ですが，立方体の切断面㋐は，すべて**平行四辺形の一部**になっています．それは，右図のような，底面が1辺 a の正方形の細長い柱体 P をイメージすることで理解できます．この P から高さ a の立方体（太線部）を切り出すと，P の切断面（平行四辺形）の一部が立方体の切断面として現れる，というわけですね．

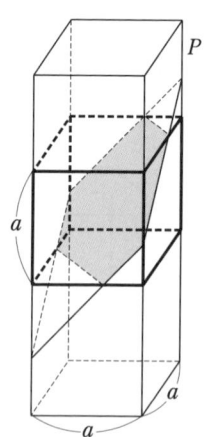

もう一題，今度は実際に入試に現れた例を眺めてみます．

その前に，次のことを確認しておきましょう．

立体図形上の2点間の距離は，その2点を対角線とする直方体をイメージして，
$$AB = \sqrt{AP^2 + PB^2} = \sqrt{AP^2 + (PQ^2 + QB^2)}$$
$$= \sqrt{a^2 + b^2 + c^2}$$
として求める．

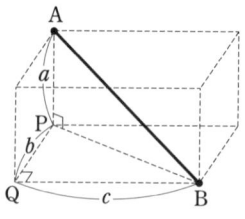

例題 2．右の図は1辺の長さが6の立方体である．AM＝3，AN＝2となる2点M，Nを図のようにとって，3点M，N，Hを通る平面を考える．この平面とBCの延長との交点をL，この平面とFGとの交点をKとする．
（1）HN，GK，KN の長さを求めなさい．
（2）四辺形 NLKH の面積を求めなさい．

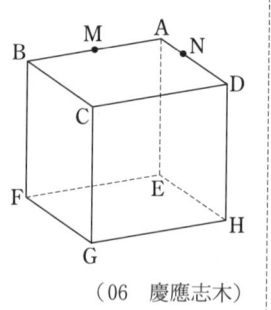

（06　慶應志木）

8

Section ① 角柱・角錐の切断面

（1） 点 L が与えられているので，切り口をとらえやすいでしょう．
（2） 四辺形 NLKH は（もともと）平行四辺形ですが，さらに….

解 （1） まず，$HN = \sqrt{4^2 + 6^2} = 2\sqrt{13}$
次に，△HGK∽△MAN，相似比は
HG：MA＝2：1 より，$GK = AN \times 2 = 4$
よって，GK＝DN であるから，
$$KN = GD = 6\sqrt{2} \quad \cdots\cdots ①$$

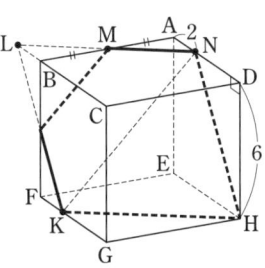

（2） □NLKH は平行四辺形であり，さらに，△HGK≡△HDN より，HK＝HN であるから，ひし形である．
ところで，△MBL≡△MAN より，BL＝AN＝2
$$\therefore\ HL = \sqrt{HD^2 + DC^2 + CL^2}$$
$$= \sqrt{6^2 + 6^2 + (6+2)^2} = 2\sqrt{34} \quad \cdots\cdots ②$$
$$\therefore\ \square NLKH = \frac{KN \times HL}{2} = \frac{① \times ②}{2} = \mathbf{12\sqrt{17}}$$

* *

他の角柱（直方体，三角柱，六角柱など）の切断面のとらえ方も，基本は以上と同様です．これについては，体積がらみの問題の中で取り上げることにします（☞p.12～）．

―――**練習問題**［解答は，☞p.34］―――

1★ 1辺の長さが 12 の立方体 ABCD-EFGH において，M は辺 FG の中点，N は辺 BF 上にあって，BN：NF＝1：2 を満たす点とする．動点 P は秒速1で F を出発し，立方体の辺上を F→E →H→G と動き，36秒後に G に達する．出発してから t 秒後の平面 MNP による立方体の切り口の図形を n 角形とすると，

$0 < t \leqq a$ のとき $n=3$，$a < t \leqq b$ のとき $n=4$，
$b < t \leqq c$ のとき $n=5$，$c < t < d$ のとき $n=6$，
$d \leqq t < 36$ のとき $n=5$　となる．

このとき，a, b, c, d の値を求めなさい．　　　（11　大阪星光学院）

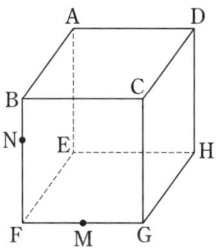

2. 角錐の切断面

　角錐の切断は，入試での出題数は角柱ほど多くはありませんが，角柱に比べるとかなりとらえにくいので，注意が必要です．

　このとらえにくさは，角錐には平行な面がない（すなわち，角柱での原則Ⅱが使えない）ところからきています．逆に言えば，原則Ⅰで行き詰まったらⅢに頼るしかない，ということです．

　このことを踏まえて，次の例題に挑戦してみて下さい．

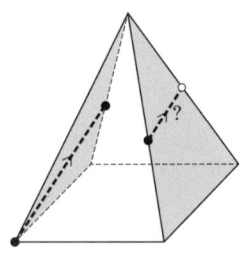

例えば上図の正四角錐で，網目の2面は平行ではないから，それらの上の切り口は平行線にはならない！

例題 3．次の各角錐を，●の3点を通る平面で切ったときの切り口を，図に書きなさい．

(1)　　　(2)　　　(3)

（1）〜（3）とも，原則Ⅲを使います．（3）では，問題の図がヒント！

解　(1)　　　(2)　　　(3)

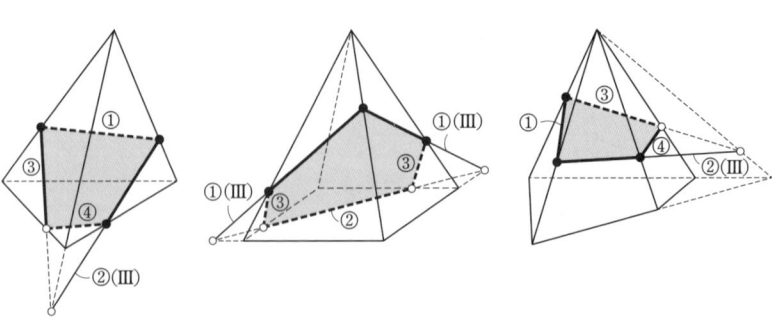

ミニ講座①

三垂線の定理

"三垂線の定理"とは，右のようなものです（網目部は共に，p.24の☆より，「$l\perp$平面 ABC」が成り立つことから言える）．

点 A から平面 p に下ろした垂線の足を B とし，l を p 上の直線，C を l 上の点とするとき，
AC$\perp l$ のとき，BC$\perp l$
BC$\perp l$ のとき，AC$\perp l$
である．

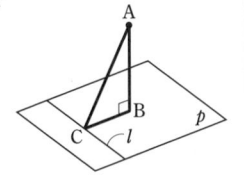

この定理は，それほど頻繁に用いられるものではありませんが，時に有力な武器となります．

問題 右図のような，すべての辺の長さが 4 の正三角柱 ABC-DEF がある．点 G を，辺 DF 上に $\angle$DEG$=45°$ となるようにとる．このとき，$\angle$AEG の大きさを求めなさい．

（12 巣鴨）

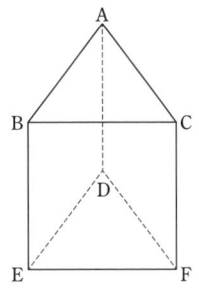

$\angle$AEG を求めるのですから，'△AEG の 3 辺の長さを求めて…' とするのが自然な流れです．しかし，AE$(=4\sqrt{2})$ はともかく，EG，GA は数値が汚いので，計算が大変です．そこで——

解 「AD$\perp$面 DEF」より，D から EG に垂線 DH を下ろすと，**三垂線の定理**により，

$$AH\perp EG \quad \cdots\cdots\cdots ①$$

△ADE，△DEH は共に '45°定規形' であるから，

$$AE:EH=\sqrt{2}\,DE:\frac{DE}{\sqrt{2}}=2:1 \quad \cdots\cdots ②$$

①，②より，△AEH は '30°定規形' であるから，$\angle$AEG$=\mathbf{60°}$

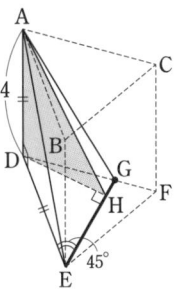

*　　　　　　*　　　　　　*

なんともアッサリ解決してしまいました！この定理の隠された（？）威力が十分にうかがえる 1 問でしたね（他の例として，☞p.54，例題 8）．

Section ② 角柱・角錐の切断（1）

　高校入試に現れる角柱・角錐の問題では，'切断'がからんでいるものが多数を占めています．ここではまず，「**切断は1回 & 体積を求める**」という最も基本的なタイプに焦点を絞って解説します．

1．角柱の切断

　2つの立体図形が相似で，相似比が $a:b$ のとき，体積比は，$a^3:b^3$（3乗比）になります．

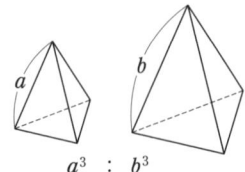

例題 4． 1辺の長さが8の立方体がある．辺 AD 上に AP=4 となる点 P を，辺 AB 上に AQ=3 となる点 Q をとり，3点 P，Q，H を通る平面でこの立方体を切り分けると，切り口は図のような四角形 PQRH となる．
（1） QR の長さを求めなさい．
（2） 切り分けた2つの立体のうち，点 E を含む方の立体の体積を求めなさい．
　　　　　　　　　　　　　（08　帝京大高）

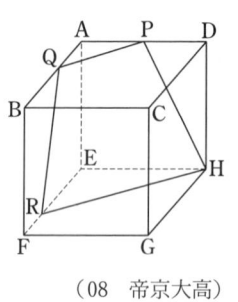

求積すべき立体を上に伸ばして，相似形を作り出します．

解　（1） 右図のように，切り口の平面（太線部）と直線 AE との交点を V とすると，V-APQ∽V-EHR で，相似比は，AP：EH＝1：2 …① であるから，
　　VA＝AE＝8　∴　QR＝VQ＝$\sqrt{3^2+8^2}=\sqrt{73}$
（2） ①より，求める立体の体積は，
　　APQ-EHR ＝ V-APQ×(2^3-1^3)
　　　　　　　＝$\left(\dfrac{1}{3}\times\dfrac{4\times 3}{2}\times 8\right)\times 7=$ **112**

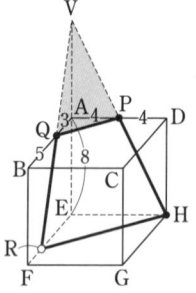

Section ② 角柱・角錐の切断（1）

もう1題，やはり相似形を活用する頻出題を見てみましょう．

例題 5. 1辺の長さが12の立方体 ABCD-EFGH がある．辺 AB，AD の中点をそれぞれ M，N とし，辺 EA の延長上に図のように点 P をとる．PM の延長と EF の延長との交点を Q，PN の延長と EH の延長との交点を R とし，3点 M，N，P を通る平面がこの立方体から切り取る断面について考える．AP=8 のとき，

（1）FQ の長さを求めなさい．

（2）断面によって分けられる立体のうち頂点 E を含む立体の体積を求めなさい．

（07 清風南海）

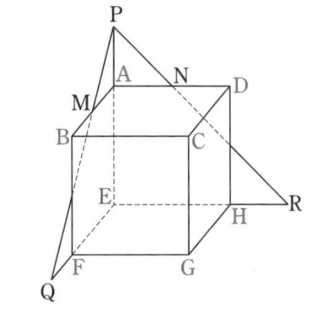

補助点 Q，R を取ってくれているので，助かります．
（2）では，例題4と同様に，「三角錐－三角錐」を相似を利用して処理しましょう．

解 （1）△PAM∽△PEQ で，相似比は，
PA：PE=8：(8+12)=2：5 であるから，
$$EQ = AM \times \frac{5}{2} = 15 \quad \therefore \quad FQ = 15 - 12 = 3$$

（2）右図の網目の三角錐はすべて P-EQR と相似であり，相似比は，
　　EQ：AM：FQ：HT=15：6：3：3
　　　　　　　　　　　　=5：2：1：1

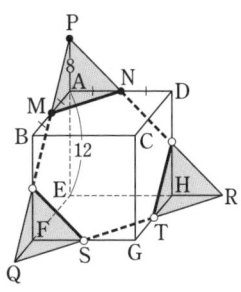

よって，求める立体の体積は，
$$\text{P-EQR} \times \left\{1^3 - \left(\frac{2}{5}\right)^3 - \left(\frac{1}{5}\right)^3 \times 2\right\} = \left(\frac{1}{3} \times \frac{15^2}{2} \times 20\right) \times \frac{23}{25} = \mathbf{690}$$

➡注 （1）と同様に，HR=FQ=3 で，4つの三角錐の底面はすべて（△AMN と相似な）直角二等辺三角形ですから，HT=HR=3 です．

13

―――― 練習問題 [☞ p.34] ――――

2. AB＝AC＝7.5，BC＝9，AD＝6 の三角柱 ABC-DEF があります。辺 AB，AC，DE，DF 上にそれぞれ点 P，Q，S，R をとります。AP＝AQ＝5，DS＝DR＝2.5 のとき，
 （1） 三角形 APQ の面積を求めなさい。
 （2） 立体 APQ-DSR の体積を求めなさい。
（10 清教学園）

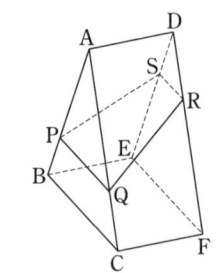

3. 図のような 1 辺が 12 である立方体 ABCD-EFGH において，辺 AE の中点を I とし，辺 CG 上に CJ：JG＝1：2 となる点 J をとる．3 点 F，I，J を通る平面でこの立方体を切るとき，切り分けられた立体のうち，頂点 H をふくむ方の立体の体積を求めなさい．
（10 函館ラ・サール）

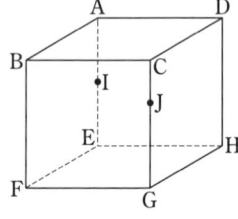

2. 角錐の切断

角錐の切断では，次の '**三角錐の体積比の公式**' が頻繁に用いられます．

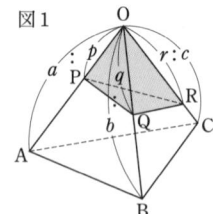

> 図 1 の三角錐 O-ABC と O-PQR の体積比について，
> $$\frac{\text{O-PQR}}{\text{O-ABC}} = \frac{p}{a} \times \frac{q}{b} \times \frac{r}{c} = \frac{pqr}{abc} \quad \cdots Ⓐ$$
> が成り立つ．

この Ⓐ と同様の式は，**四角錐などでは成り立たない**ことに注意しましょう．ですから，例えば四角錐の切断の場合には，**四角錐を 2 つの三角錐に分けて，それぞれについて Ⓐ を使う**という解法がとられます．例題で確認してみましょう．

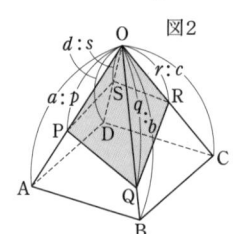

図 2 で，
$$\frac{\text{O-PQRS}}{\text{O-ABCD}} = \frac{pqrs}{abcd}$$
などとしては，ダメ！

Section ② 角柱・角錐の切断（1）

例題 6. 図のように，正四角錐 O-ABCD があり，辺 OA，OB の中点をそれぞれ E，F とする．底面 ABCD は 1 辺が 10 の正方形で，側面は 4 つの合同な二等辺三角形で，$OA=5\sqrt{5}$ である．
(1) 正四角錐 O-ABCD の体積を求めなさい．
(2) 平面 CDEF で切り取られた下の部分の立体 EF-ABCD の体積を求めなさい．
（07 専修大松戸）

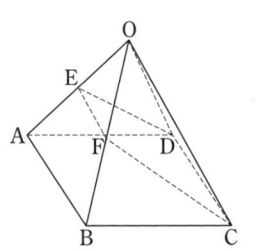

(2) 様々な解法があります(☞注)が，左ページの公式Ⓐに結び付けるのが明快です．

解 (1) 底面の対角線の交点を H とすると，
$$AH=\frac{AB}{\sqrt{2}}=5\sqrt{2}$$
$\therefore\ OH=\sqrt{(5\sqrt{5})^2-(5\sqrt{2})^2}=5\sqrt{3}$ ……①
よって，O-ABCD の体積を V とすると，
$$V=\frac{1}{3}\times 10^2\times ① =\frac{500\sqrt{3}}{3}\ \cdots\cdots\cdots ②$$

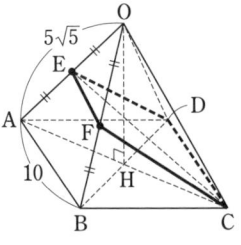

(2) 四角錐 O-CDEF の体積を，平面 OAC で分けて求めると，
$$\text{O-CDE}+\text{O-EFC}=\text{O-CDA}\times\frac{OE}{OA}+\text{O-ABC}\times\frac{OE}{OA}\times\frac{OF}{OB}$$
$$=\frac{V}{2}\times\frac{1}{2}+\frac{V}{2}\times\frac{1}{2}\times\frac{1}{2}=\frac{3}{8}V$$

よって，求める立体の体積は，$V-\dfrac{3}{8}V=\dfrac{5}{8}V=\dfrac{5}{8}\times ②=\dfrac{625\sqrt{3}}{6}$

➡注 下の部分の立体(いわゆる'屋根形')の体積を直接求めるには，
Ⅰ．E，F を通り AB に垂直な平面で立体を 3 分割する(☞例題 7)．
Ⅱ．'三角柱切断形' の体積公式(☞p.37)を使う．
などの方法があります．

　　　　　　　＊　　　　　　　　　＊

三角錐(四面体)の切断では，公式Ⓐに当てはめるだけのものは簡単ですが，そうでないもの(≒公式Ⓐが使えないもの)は，かえって厄介です．

15

例題 7. 右図のように，1 辺の長さが 6 の正四面体 ABCD がある．辺 CD の中点を M とする．
（1） △ABM の面積を求めなさい．
（2） 辺 AD 上に，AP：PD＝1：2 となる点 P をとる．点 P を通り，2 辺 AB，CD に平行な平面が 3 辺 AC，BC，BD と交わる点をそれぞれ Q，R，S とする．平面 PQRS でこの正四面体を 2 つの立体に分けるとき，点 C を含む方の立体の体積を求めなさい．
（08　専修大松戸）

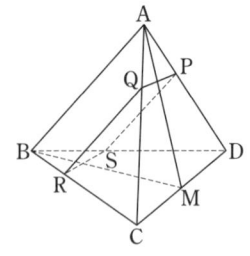

これは，点 C を含む方の立体も含まない方の立体も共に'屋根形'なので，例題 6 の注にある I か II の方法で解くことになります．

解　（1）　AB の中点を N とすると，MN⊥AB，MN＝$3\sqrt{2}$ であるから，△ABM＝$\dfrac{6\times 3\sqrt{2}}{2}$＝$9\sqrt{2}$　……①

（2）　右図のように，P，Q を通り CD に垂直な平面（網目部）で，求積すべき立体を 3 分割すると（両端の三角錐は合同であるから），求める体積は，

　　三角錐 C-QRV×2＋三角柱 QRV-PSW …②

ここで，△QRV（≡△PSW）≡△TUM であるから，その面積は，①×$\left(\dfrac{2}{3}\right)^2$＝$4\sqrt{2}$　………③

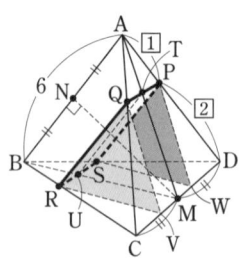

また，VW＝PQ＝CD×$\dfrac{1}{3}$＝2 ……④　∴　CV（＝DW）＝2 ………⑤

∴　②＝$\left(\dfrac{1}{3}\times③\times⑤\right)\times 2＋③\times④＝\dfrac{16\sqrt{2}}{3}＋8\sqrt{2}＝\dfrac{40\sqrt{2}}{3}$

➡**注**　1 辺が $3\sqrt{2}$ の立方体の頂点を右図のように結ぶと，1 辺が 6 の正四面体が出来上がります．
　この埋め込みのイメージは重要で，上の解答中の　　　や，**AB⊥CD**（これと PS∥QR∥AB，PQ∥SR∥CD より，**PQRS は長方形**）などが，すぐにわかります！（さらに，正四面体の体積も，「立方体－三角錐×4」で求められる．）

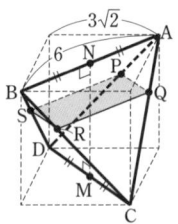

Section ② 角柱・角錐の切断（1）

[正四面体に関する図形量]

ここで，正四面体に関する図形量についてまとめておきます．

1辺の長さが a の正四面体 ABCD において，BC の中点を M，A から底面 BCD に下ろした垂線の足を H($\triangle$BCD の中心)とします．ここで，$\triangle$BMH は '30°定規形' ですから，

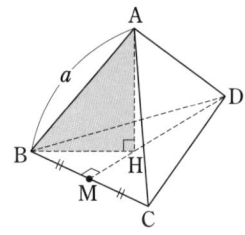

$$BH = BM \times \frac{2}{\sqrt{3}} = \frac{a}{2} \times \frac{2}{\sqrt{3}} = \frac{a}{\sqrt{3}} \quad \cdots ①$$

$\therefore\ AH = \sqrt{AB^2 - BH^2} = \sqrt{a^2 - ①^2} = \dfrac{\sqrt{6}}{3}a$

$\therefore\ ABCD = \dfrac{1}{3} \times \dfrac{\sqrt{3}}{4}a^2 \times AH = \dfrac{\sqrt{2}}{12}a^3$

←この正四面体の**高さ**と**体積**は，公式として記憶しておきましょう．

──練習問題 [☞p.35]──

4★ 右の図のように，すべての辺の長さが6の正四角錐 OABCD がある．P，Q，R，S はそれぞれ辺 OA，OC，AB，BC 上の点で，OP，OQ，AR，CS の長さはすべて 2 である．

四角形 PRSQ を底面とし，O を頂点とする四角錐 OPRSQ の体積を求めなさい．

（10　桐朋）

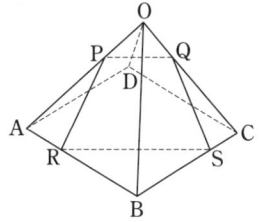

5★ AB=AC=AD=5，BC=CD=DB=$5\sqrt{2}$ の四面体 ABCD において，辺 AB，AC，CD 上にそれぞれ点 P，Q，R を，AP：PB=AQ：QC=CR：RD=3：2 となるようにとり，平面 PQR と辺 BD との交点を S とする．
（1）　線分 RS の長さを求めなさい．
（2）　平面 PQRS によって四面体 ABCD を 2 つの立体に分けるとき，小さい方の立体の体積を求めなさい．　　　（10　筑波大付）

17

Section 3 　角柱・角錐の切断（2）

1. 切断された立体の'高さ'

立体図形の高さ（or 点と平面の距離）を求めるには，大きく，次の２つの方法があります．

　Ⅰ．立体図形の**体積を経由する**．
　Ⅱ．面対称な図形では，**対称面を取り出す**．
１題ずつ，練習してみましょう．

例題 8. 図のように，底面の BCDE が１辺２の正方形で，AB＝AC＝AD＝AE＝3 の正四角錐 A-BCDE があります．点 M，N がそれぞれ辺 BC，CD の中点のとき，

（1） この正四角錐の体積を求めなさい．
（2） この正四角錐を△AMN で分けたとき，大きい方の立体の体積を求めなさい．
（3） 三角錐 C-AMN において，頂点 C から底面 AMN を含む平面までの高さを求めなさい．
　　　　　　　　　　　　　　　　　　　　（10　常翔学園）

（3）　Ⅰの解法では，**体積を２通りに表す**ことになります．

解　（1）　右図の△ABH で，
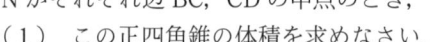
よって，正四角錐の体積は，
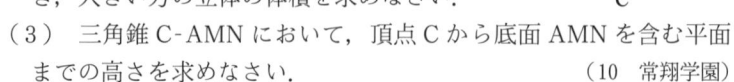

（2）　A-CMN＝$\dfrac{1}{3}\times\dfrac{1^2}{2}\times$①$=\dfrac{\sqrt{7}}{6}$　………③

よって，求める体積は，②－③＝$\dfrac{7\sqrt{7}}{6}$

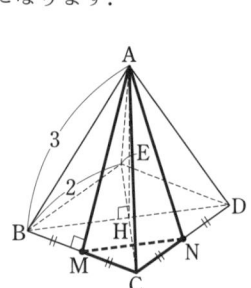

Section ③ 角柱・角錐の切断（2）

（3） AM＝AN＝$\sqrt{3^2-1^2}=2\sqrt{2}$ …④, MN＝$\sqrt{2}$ …⑤

より，右図で，AI＝$\sqrt{④^2-\left(\dfrac{⑤}{2}\right)^2}=\dfrac{\sqrt{30}}{2}$ …………⑥

∴ △AMN＝$\dfrac{1}{2}×⑤×⑥=\dfrac{\sqrt{15}}{2}$ …………⑦

よって，求める高さを h とすると，

$\dfrac{1}{3}×⑦×h=③$　∴　$h=\dfrac{3×③}{⑦}=\dfrac{\sqrt{105}}{15}$

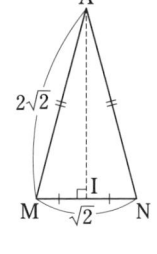

➡注 図形全体は，平面 ACE に関して対称ですから，Ⅱ の解法をとることもできます．

例題 9. 1辺の長さが2の立方体 ABCD-EFGH があり，辺 AB，BC の中点をそれぞれ点 P，Q とします．また，線分 PQ と BD の交点を R とします．ここで，3点 F，P，Q を通る平面でこの立方体を切り，2つの立体に分けます．図は，頂点 H を含むほうの立体です．
（1） 線分 FR の長さを求めなさい．
（2） 点 H から，面 FPQ までの距離を求めなさい．

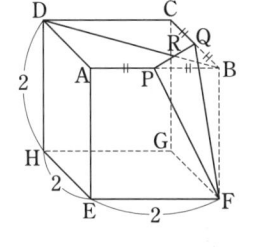

（09　旭川竜谷）

一般に，立体図形では，**適切な平面を取り出して平面図形の問題として処理する**のが基本ですが，その「適切な平面」の代表格が'対称面'です．そこには，本問のような垂線を始め，様々な情報が現れるからです．

解　（1）　BR＝$\dfrac{1}{\sqrt{2}}=\dfrac{\sqrt{2}}{2}$ …① より，FR＝$\sqrt{2^2+①^2}=\dfrac{3\sqrt{2}}{2}$ …②

（2） 対称面 BDHF を取り出すと，右図のようになる（I は H から面 FPQ に下ろした垂線の足）．
　ここで，△HIF∽△FBR（二角相等）であるから，HF：HI＝FR：FB

∴　$2\sqrt{2}$：HI＝②：2　∴　HI＝$\dfrac{4\sqrt{2}}{②}=\dfrac{8}{3}$

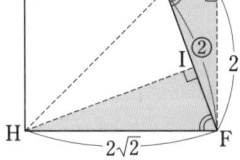

➡注 解法Ⅰをとると，三角錐 HFPQ の体積を2通りに表して，
$\dfrac{1}{3}×△HFR×PQ=\dfrac{1}{3}×△FPQ×HI$　（以下略）

19

──────練習問題 [☞ p.37]──────

6. 右の図のような直方体を，2点A，Gと辺
BF上の点Pを通る平面で切ったところ，切
り口 APGQ はひし形になった．このとき，
次の問いに答えなさい．
（1） PB の長さを求めなさい．
（2） ひし形 APGQ の面積を求めなさい．
（3） 点 E からひし形 APGQ へひいた垂線
ER の長さを求めなさい．

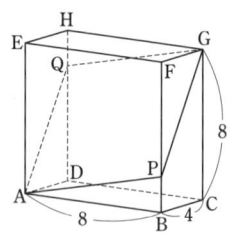

（11　大阪教大付池田）

2. 複数回の切断

　角柱・角錐を複数回切断してできる立体の求積問題では，その立体の形
状を正確につかむことが課題です．そこでのポイントは，**切断面同士の交
線をとらえる**ところにあります．
　まずは，立方体の切断でウォーミングアップ！

例題 10. 右図は1辺 a の立方体である．
（1） この立方体を平面 ABGH，平面
　　 CDEF で切ったときにできる立体のうち，
　　 平面 EFGH を含む立体の体積を a を用い
　　 て表しなさい．　　　　　　（08　市川）
（2） この立方体を3点 A，C，F を通る平
　　 面と，3点 B，D，E を通る平面の両方で
　　 切ったときにできる立体のうち，頂点 G
　　 を含む立体の体積を a を用いて表しなさい．

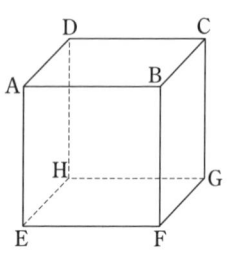

（10　西大和学園）

　（2）'G を含まない立体'の体積を求めます．

解　（1）　2平面 ABGH，CDEF の交線は，
右図の太破線 PQ であり，求積すべき立体は，網
目部の三角柱 PEH-QFG である．
　　よって答えは，$\dfrac{a^2}{4} \times a = \dfrac{a^3}{4}$

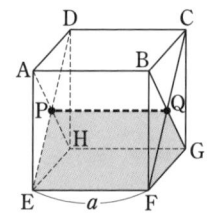

20

Section ③ 角柱・角錐の切断（２）

（２）２平面 ACF，BDE の交線は，図の太破線 PQ であり，G を含まない立体は，網目部のようになる．その体積は，

E-ABD＋F-ABC－Q-ABP
$= \left(\frac{1}{3} \times \frac{a^2}{2} \times a\right) \times 2 - \frac{1}{3} \times \frac{a^2}{4} \times \frac{a}{2} = \frac{7}{24}a^3$

よって答えは，$a^3 - \frac{7}{24}a^3 = \dfrac{\mathbf{17}}{\mathbf{24}}\boldsymbol{a}^3$

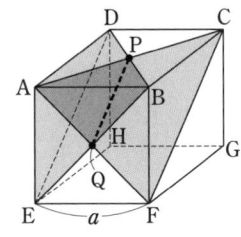

\＊　　　　＊

次は，四角錐を２回切ってみましょう．

例題 11. 点 P を頂点とし，正方形 ABCD を底面とする四角錐 P-ABCD がある．側面はいずれも合同な二等辺三角形で，AB＝2，PA＝PB＝4 である．辺 AP 上に AQ＝1 となる点 Q をとり，3 点 B，C，Q を通る平面でこの四角錐を切ってできた２つの立体のうち，頂点 A を含む立体を X とする．

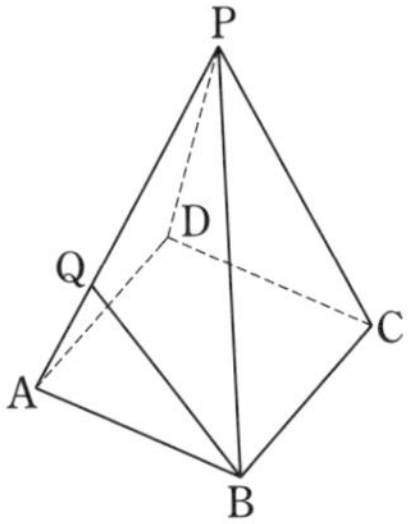

立体 X を 3 点 Q，C，D を通る平面でさらに切ってできた立体のうち頂点 A を含む立体を Y とするとき，Y の体積は四角錐 P-ABCD の体積の何倍になるか求めなさい．

（09　東大寺学園）

Y の形状さえつかめれば，体積比を求めるのは容易でしょう．

解　２平面 BCQ，QCD の交線は QC であり，（X は，QR-ABCD）Y は，四角錐 Q-ABCD である．

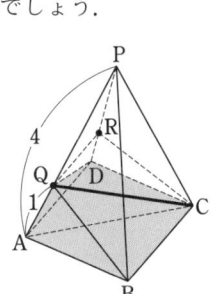

すると，Y と P-ABCD は，底面 ABCD を共有する四角錐であるから，P，Q からの高さをそれぞれ h_1，h_2 とすると，

$$\frac{Y}{\text{P-ABCD}} = \frac{h_2}{h_1} = \frac{\text{QA}}{\text{PA}} = \frac{1}{4} \text{（倍）} \cdots\cdots ①$$

➡注　$\dfrac{\text{RQCD}}{\text{P-ABCD}} = \dfrac{1}{2} \times \dfrac{\text{PQ}}{\text{PA}} \times \left(1 - \dfrac{\text{PR}}{\text{PD}}\right) = \dfrac{1}{2} \times \dfrac{3}{4} \times \left(1 - \dfrac{3}{4}\right) = \dfrac{3}{32}$ $\cdots\cdots ②$

ですから，$\dfrac{X}{\text{P-ABCD}} = ① + ② = \dfrac{11}{32}$ となります．

21

―――練習問題 [☞ p.38]―――

7★ 1辺の長さが6の立方体 ABCD-EFGH がある．点 P, Q, R はそれぞれ AD, AB, BF 上にあり，AP：PD＝1：2, AQ：QB＝1：1, BR：RF＝1：1 である．

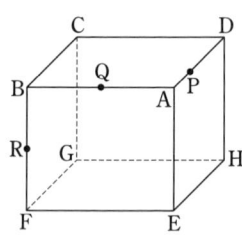

(1) P, Q, R を通る平面で立方体を切るとき，切り口は何角形か答えなさい．

(2) (1)でできた2つの立体のうち，点 E を含む方の立体を V とする．3点 B, D, E を通る平面で立体 V を切る．このときできる2つの立体のうち F を含む立体を V_1, A を含む立体を V_2 とするとき，V_1 と V_2 の体積比を求めなさい．

(08 徳島文理)

ミニ講座②

ねじれの位置

空間での2直線の位置関係として，'ねじれの位置'というものがあります．これは，右のような分類における⑦の場合を指しています．

[空間での2直線の位置関係]
$\begin{cases} \text{同一平面上にある} \begin{cases} \text{平行}\cdots\cdots ⑦ \\ \text{交わる}\cdots ⓘ \end{cases} \\ \text{同一平面上にない} \cdots\cdots\cdots ⑦ \end{cases}$

高校入試でこの用語が現れるのは，ほとんどが次のような場合です．

（例） 右図のような正八面体の各辺のうち，辺ABとねじれの位置にあるものをすべてあげなさい．　　　　　　　　　　　（11 ラ・サール）
（略解） ABとねじれの位置にあるのは，辺**CD**, **DE**, **EF**, **FC**である（DF∥AB，また，残りの6辺はABと交わっている）．

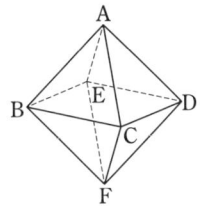

問題 図のように，直方体ABCD-EFGHがあり，AB=3, AD=2, AE=1とします．2点PおよびQは，それぞれ辺EFおよびFG上にあるとき， 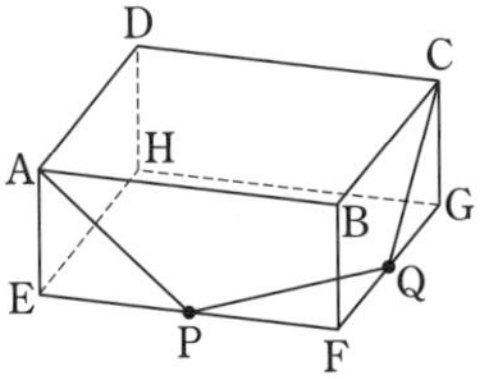
（1） 3本の線分の長さの和
　l=AP+PQ+QC が最小となるように，
　点PおよびQを定めるとき，その和lの最小値を求めなさい．
（2） （1）におけるlが最小となるとき，直線ACと直線PQがねじれの位置にあることを証明しなさい．　　　（12 江戸川取手）

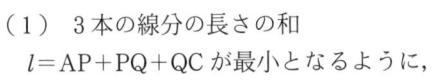

'ねじれの位置'にあることの証明は，上の分類の⑦とⓘを否定します．
（略解）（1） 展開図上では，右図のようになるから，lの最小値は，$\sqrt{(1+2)^2+(3+1)^2}=$**5**
（2） 「面ABCD∥面EFGH」より，ACとPQが交わることはない．また，問題文の図で，
　AB:BC=（右図の）EF:FG=3:2 …①
　PF:FQ=（右図の）CH:HA=4:3 …②
①≠②より，PQ∦AC（証明終わり）

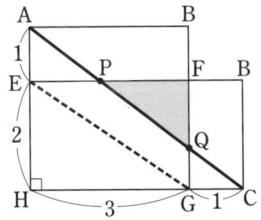

◇ Section 4 角柱・角錐の体積(1)

Section 2, 3 では, Section 1 の '切断' を踏まえて, 切断がからんだ体積の問題を見てきました. ここからは, それ以外の体積の問題を扱います.

角柱・角錐の体積は, 右のような公式で求められます. ここで,「高さ」とは, 柱体の場合には, '上底面と下底面を含む平行な2平面間の距離' であり, 錐体の場合には, '頂点から底面を含む平面までの距離' のことです. すなわち, 「高さ」を示す線分は底面に垂直であり, ここから, **空間における直線と平面の垂直関係**がクローズ・アップされてくることになります.

○角柱の体積
＝底面積×高さ
○角錐の体積
＝底面積×高さ×$\frac{1}{3}$

1. 空間での直線と平面との垂直関係

> 直線 n が, 平面 p 上の(平行でない)2直線 l, m に対して,
> $n \perp l$, $n \perp m$ ならば, $n \perp p$ …………☆
> である(このとき, n は, p 上のどんな直線とも垂直になる).

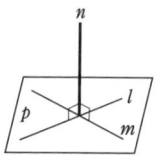

実際には, 空間で, どの2直線が垂直になっているか(上記の網目部)の判断は難しく, 往々にして錯覚が起こりがちです. 少し練習してみましょう.

➡注 $n \perp p$ のとき, p 上の n と交わらない(すなわち 'ねじれの位置' にある)直線 l' に対しても, 「$n \perp l'$」です. つまり, 空間においては, 垂直な2直線同士は交わるとは限らない(交わるときは, 特に「直交」と表現することがある)ということです(☞右ページの例題 12 の⑦).

Section ④ 角柱・角錐の体積（1）

12. 下の展開図を組み立ててできる立体の体積を求めなさい．
（1）

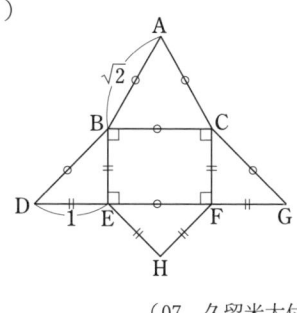

（2）

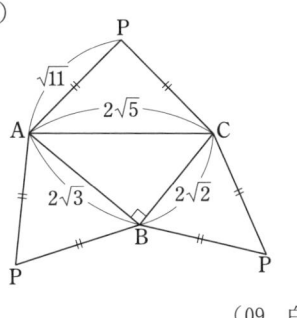

（07 久留米大付）　　　　　　　（09　白陵）

（1）　直角がたくさんあるので，左ページの☆に結び付けます．
（2）　6つの等辺に着目しましょう．

（1）　展開図を組み立てた右図において， 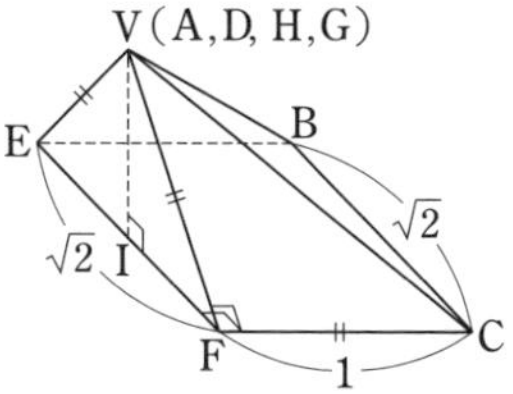
CF⊥FV(G)，CF⊥FE より，
　　　　CF⊥面 VEF　∴　CF⊥VI　………㋐
これと，VI⊥EF より，VI⊥面 BEFC

∴　V-BEFC $= \dfrac{1}{3} \times \square\text{BEFC} \times \text{VI}$

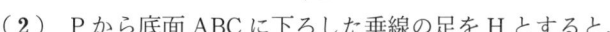

$= \dfrac{1}{3} \times \sqrt{2} \times \dfrac{1}{\sqrt{2}} = \dfrac{1}{3}$

（2）　P から底面 ABC に下ろした垂線の足を H とすると，
　　　△PHA≡△PHB≡△PHC（斜辺と他の一辺相等）
　　　∴　HA＝HB＝HC
よって，H は直角三角形 ABC の外心である（＊）
から，斜辺 AC の中点に一致する（右図）．
ここで，PH＝$\sqrt{11-5}=\sqrt{6}$ であるから，

P-ABC $= \dfrac{1}{3} \times \triangle\text{ABC} \times \text{PH}$

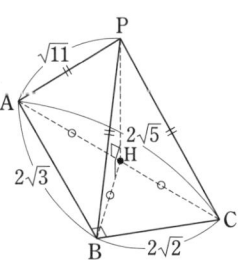

$= \dfrac{1}{3} \times \dfrac{2\sqrt{3} \times 2\sqrt{2}}{2} \times \sqrt{6} = 4$

➡注　一般に，OA＝OB＝OC である三角錐 OABC において，O から △ABC に下ろした垂線の足 H は，上の（＊）と同様に，△ABC の外心になります．

───── 練習問題 [☞ p.38] ─────────────

8. 図は，1辺の長さが1の正方形 ABCD を底面とし，OA＝OB＝OC＝OD の四角錐 O-ABCD である．いま，A から OB に引いた垂線と OB との交点を H とすると，AH＝$\dfrac{\sqrt{6}}{3}$ であった．

（1） ∠AHC の大きさを求めなさい．

（2） 四角錐 H-ABCD の体積を求めなさい．

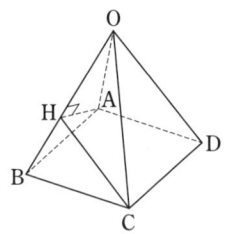

（06 渋谷幕張）

9. 図のように，AB＝AC＝AD＝5 である三角錐 A-BCD がある．BC＝BD＝5，CD＝6 であるとき，次の問いに答えなさい．

（1） △BCD の面積を求めなさい．

（2） △BCD の外接円の半径を求めなさい．

（3） 三角錐 A-BCD の体積を求めなさい．

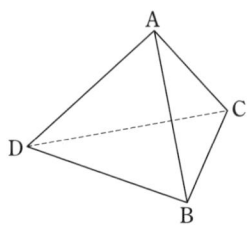

（12 桐光学園）

10★ 右の図のように，直方体 ABCD-EFGH がある．辺 AB 上に点 P を，∠DPH＝45° となるようにとり，辺 DH の中点を Q とし，点 Q を通り線分 DP に平行な直線と線分 PH との交点を R とする．また，点 R を通り辺 GH に垂直な直線と辺 GH との交点を S とする．HS＝$\sqrt{11}$，HQ＝$2\sqrt{3}$ のとき，次の問いに答えなさい．

（1） 線分 PH の長さを求めなさい．

（2） △QRS の面積を求めなさい．

（3） 立体 R-APD の体積を求めなさい．

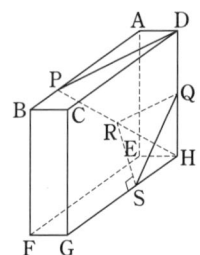

（12 志学館）

Section ④ 角柱・角錐の体積（１）

2. 対称面を底面と見る

p.19 では，'面対称な図形では，対称面上に垂線が現れる'という話題を取り上げましたが，ここでは，'対称面を底面と見て体積を求める'というテーマです．

> **例題 13.** 図のように，AB＝AC＝DB＝DC＝4，BC＝AD＝2 である４つの面が合同な二等辺三角形でできた四面体 ABCD があり，辺 BC の中点を M とする．
> （１） AM の長さを求めなさい．
> （２） △MAD の面積を求めなさい．
> （３） （２）を用いて，四面体 ABCD の体積を求めなさい． （08 東大谷）

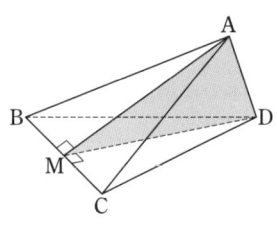

（３） 図形全体は，平面 MAD に関して対称ですから，**BC⊥△MAD** となります．

解 （１） AM＝$\sqrt{4^2-1^2}$＝$\sqrt{15}$ ……①

（２） 同様に，MD＝① であり，AD の中点を N とすると，MN＝$\sqrt{①^2-1^2}$＝$\sqrt{14}$ …②

∴ △MAD＝$\dfrac{AD×②}{2}$＝$\sqrt{14}$ ………③

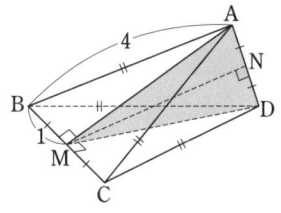

（３） BC⊥△MAD であるから，求める体積は，B-MAD＋C-MAD＝$\dfrac{1}{3}$×③×(BM＋CM)＝$\dfrac{1}{3}$×③×BC＝$\dfrac{2\sqrt{14}}{3}$

■研究　直方体の頂点を右図のように結んでできる四面体は，４つの面がすべて合同（三辺相等）なので，'等面四面体'と呼ばれます．正四面体が立方体に埋め込まれる（☞p.16）のと同様に，**等面四面体は直方体に埋め込まれる**，ということです．

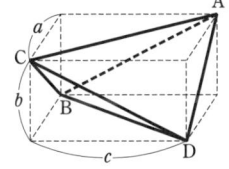

本問の ABCD は，$a=b=\sqrt{2}$，$c=\sqrt{14}$ の場合で，すると体積は，

直方体－三角錐×4＝$abc-\dfrac{abc}{6}×4=\dfrac{abc}{3}=\dfrac{2\sqrt{14}}{3}$

──── 練習問題 [☞ p.41] ────

11. 図の立体 A-BCDE は，底面 BCDE が 1 辺の長さ 6 の正方形で，AB＝AC＝AD＝AE＝6 の正四角錐である．点 P は辺 AB 上にある点で，点 Q は辺 AD 上にある点である．AP＝DQ＝2 のとき，立体 P-ECQ の体積を求めなさい． （10　都立富士）

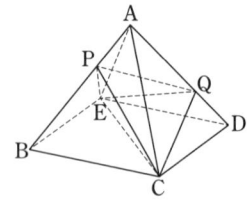

3．'和'と'差'の利用

立体の体積を直接求めるのが困難な場合には，次のような手法がよく用いられます．

Ⅰ．その立体を，求積しやすいいくつかの立体に分割して，それらの'和'として求める．

Ⅱ．その立体を含む求積しやすい立体から，余分な部分を引いて('差'として)求める．

以下の例題では，（1）がⅠの例，（2）がⅡの例です．

例題 14. 次の各問いに答えなさい．

（1）図1のような，1辺の長さが6の立方体 ABCD-EFGH があり，K と L はそれぞれ AD，DH の中点である．四角錐 C-KBGL の体積を求めなさい．
　　　　　　　　　　　　　　（10　城北）

（2）図2のような1辺の長さが8の立方体がある．辺 AD の中点を M とする．また，頂点 E から対角線 BH に垂線をひき，対角線 BH との交点を I とする．
（ⅰ）BI の長さを求めなさい．
（ⅱ）4点 M，B，E，I を結んでできる立体の体積を求めなさい．
　　　　　　　　　　　　　　（09　渋谷幕張）

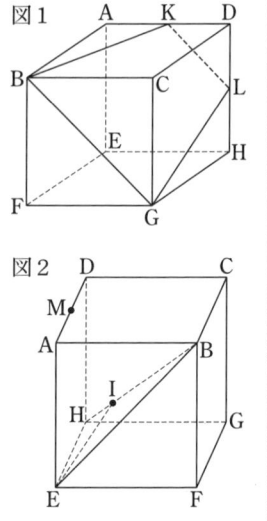

Section 4 　角柱・角錐の体積（１）

「求積しやすい立体」とは，'高さ'（直線と平面との垂直関係）が明確に分かるもの——立方体の場合には，面上に底面があるものです。

解　（１）　四角錐 C-KBGL を，平面 CKG で
2 つの三角錐（斜線部を底面と見る）に分割すると，
$$C\text{-}KBGL = K\text{-}BCG + K\text{-}CGL$$
$$= \frac{1}{3} \times \frac{6^2}{2} \times 6 + \frac{1}{3} \times \frac{6^2}{2} \times 3 = 36 + 18 = \mathbf{54}$$

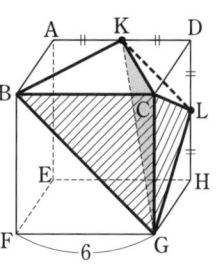

➡注　平面 CBL で分割しても，同様です。

（２）（ⅰ）　∠BEH＝90°であるから，二角相等で，
$$\triangle BIE \backsim \triangle BEH$$
△BEH の 3 辺比は，$1 : \sqrt{2} : \sqrt{3}$ であるから，
$$BI = BE \times \frac{\sqrt{2}}{\sqrt{3}} = 8\sqrt{2} \times \frac{\sqrt{2}}{\sqrt{3}} = \frac{16\sqrt{3}}{3} \quad \cdots ①$$

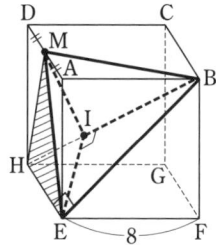

（ⅱ）　$B\text{-}MIE = B\text{-}MHE \times \dfrac{BI}{BH}$
$$= \left(\frac{1}{3} \times \frac{8^2}{2} \times 8 \right) \times \frac{①}{8\sqrt{3}} = \frac{256}{3} \times \frac{2}{3} = \mathbf{\frac{512}{9}}$$

➡注　'等積変形'を使った別解については，☞p.33.

──────練習問題［☞p.41］──────

12. 四面体 OABC において，
　　OA＝3，OB＝OC＝4，
　　∠AOB＝∠BOC＝∠COA＝60°
とする．このとき，
（１）　△OAB の面積を求めなさい．
（２）　四面体 OABC の体積を求めなさい．
　　　　　　　　　　　　（11　東海）

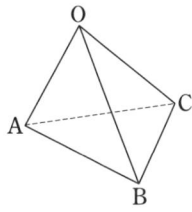

29

◆Section 5 角柱・角錐の体積（2）

1. 共通部分の体積

複数の立体が交わった図形で，それらの共通部分の体積を求める，といったタイプの問題があります．複数回の切断の場合の求積（☞p.20）と類似した部分がありますが，ポイントもやはり同様で，**共通部分の図形の形状を的確にとらえる**ところにあります．

例題 15. 次の各問いに答えなさい．

（1） 図1のような三角柱が2本，図2のように交差しています．
　　四面体 ABCD の体積 V を求めなさい．　　　（06　城西大付川越）

（2） 図3のような1辺の長さがすべて2の正四角錐 O-ABCD がある．この正四角錐の体積を求めなさい．また，図のように底面の正方形の各辺に中点をとり，これらを結んだ正方形を S とし，S を1つの面とする立方体を平面 ABCD に関して O と同じ側に作る．この立方体と正四角錐 O-ABCD の共通部分の体積を求めなさい．

（09　灘）

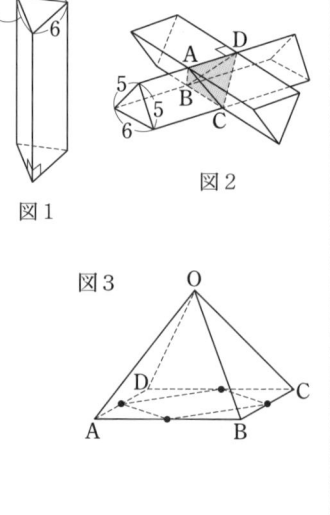

図1

図2

図3

（1） 共通部分の四面体 ABCD は，面対称な図形です．例題13（☞p.27）の解法に倣って求積しましょう．

（2） 正四角錐の稜（OA など）と立方体の面との交点の位置を的確にとらえましょう．

Section 5　角柱・角錐の体積（2）

解　（1）　AD，BC の中点をそれぞれ M，N とすると，△MBC は元の三角柱の底面と合同であるから右図のようになって，MN$=\sqrt{5^2-3^2}=4$　…①

ここで，共通部分 ABCD は，面 MBC に関して対称であるから，AD⊥△MBC

∴　$V=\dfrac{1}{3}\times\triangle\mathrm{MBC}\times\mathrm{AD}=\dfrac{1}{3}\times\dfrac{6\times①}{2}\times 6=\mathbf{24}$

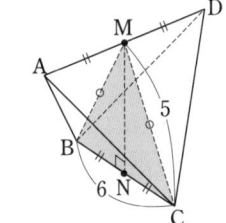

➡**注**　例題 13 と同様，ABCD も '等面四面体' です．

（2）　△OAC≡△BAC（三辺相等）より，OH=BH=$\sqrt{2}$

∴　O-ABCD$=\dfrac{1}{3}\times 2^2\times\sqrt{2}=\dfrac{4\sqrt{2}}{3}$　…①

また，S の 1 辺の長さは $\sqrt{2}$ であるから，立方体と正四角錐の高さは等しく，平面 OAC での切り口は図 5 のようになる．

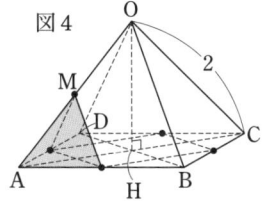

ここで，OA と立方体の面との交点を M とすると，M は OA の中点である．

正四角錐のうち，立方体の外にはみ出る部分の $\dfrac{1}{4}$ は図 4 の網目部分のようになり，その体積は，O-ABD の体積の，$\left(\dfrac{1}{2}\right)^3=\dfrac{1}{8}$

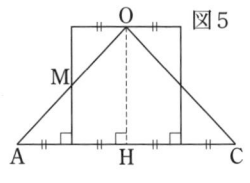

よって，共通部分の体積は，①$-\left(①\times\dfrac{1}{2}\times\dfrac{1}{8}\right)\times 4=①\times\dfrac{3}{4}=\boldsymbol{\sqrt{2}}$

─────**練習問題** [☞ p.42]─────

13★　図のような AD=3，AB=4，AE=3 の直方体 ABCD-EFGH がある．辺 EF の中点を M とする．

（1）　この直方体を 3 点 C，H，E を通る平面で切り取ったとき，辺 BF を含む立体 S の体積を求めなさい．

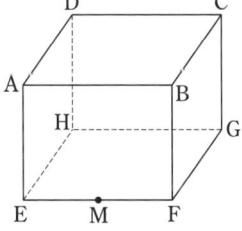

（2）　この直方体を 3 点 A，M，G を通る平面で切り取ったとき，辺 BF を含む立体 T の体積を求めなさい．

（3）　（1）の立体 S と（2）の立体 T の共通する部分の立体 U の体積を求めなさい．

（11　桐蔭学園）

31

2. 立体図形での等積変形

平面図形で'等積変形'はよく行われますが，立体図形でも，'等積変形'が功を奏することがあります．

立体図形での等積変形
　平面 p と直線 l が平行のとき，p 上の図形 S を底面とし，l 上の点 A，B を頂点とする錐体の体積は等しい（A，B から p までの距離は等しいから）．

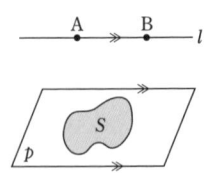

実際の問題での適用例を見てみましょう．

例題 16．右図のような，1辺が a の立方体 ABCD-EFGH があり，点 P，Q，R，S，T，U は，それぞれ辺の中点である．このとき，四面体 CPQR の体積，四面体 ASTU の体積をそれぞれ求めなさい．

（11　西大和学園）

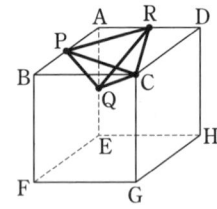 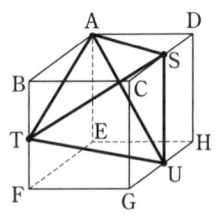

後半の求積で，'等積変形'を利用します．

解　$\triangle \text{CPR} = a^2 - \left(\dfrac{a^2}{4} \times 2 + \dfrac{a^2}{8}\right) = \dfrac{3}{8}a^2$ …①

であるから，Q-CPR $= \dfrac{1}{3} \times ① \times \text{AQ} = \dfrac{a^3}{16}$

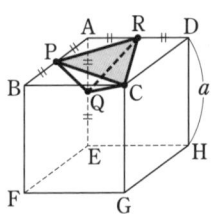

次に，BF // SU より，BF // 面 ASU
∴　T-ASU = B-ASU = U-ABS
$= \dfrac{1}{3} \times \triangle \text{ABS} \times \text{SU} = \dfrac{1}{3} \times \dfrac{a^2}{2} \times a = \dfrac{a^3}{6}$

➡**注**　'等積変形'に気付かない場合には，T から面 ASU に下ろした垂線の長さを h として，
　T-ASU $= \triangle \text{ASU} \times h \div 3$　で求積できます．

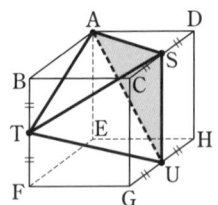

Section 5 　角柱・角錐の体積（2）

この'立体図形での等積変形'を利用した，例題14(2)(☞p.28)の別解をご紹介します。

この問題は，右図のような立方体で，太線部の三角錐 MBEI の体積を求めるというものでした。

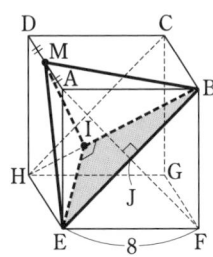

『AD∥面 BEI（面 BCHE）より，M，A から △BEI に下ろした垂線の長さは等しい。

$$\triangle BEI = \triangle BEH \times \frac{BI}{BH}$$

$$= \frac{8 \times 8\sqrt{2}}{2} \times \frac{2}{3} = \frac{64\sqrt{2}}{3} \quad \cdots\cdots ㋐$$

∴ M-BEI = A-BEI = $\frac{1}{3} \times ㋐ \times AJ$

$$= \frac{1}{3} \times \frac{64\sqrt{2}}{3} \times 4\sqrt{2} = \frac{512}{9}$$

➡注　$\frac{BI}{BH} = \frac{2}{3}$ については，☞p.29。』

14. 1辺の長さが2である正三角形を底面とした，高さ3の正三角柱 ABC-DEF がある。辺 CF 上に ∠APE=90°となるように点 P をとる。

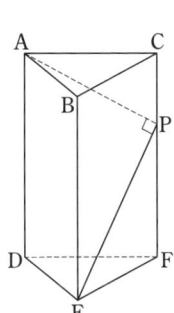

（1）CP=x とおくとき，
　（i）AP^2，EP^2 をそれぞれ x を用いた式で表しなさい。
　（ii）x の値を求めなさい。ただし，CP<PF とする。
（2）△AEP の面積を求めなさい。
（3）三角錐 C-ABE の体積を求めなさい。
（4）頂点 B から，△AEP に下ろした垂線の長さを求めなさい。

（09　明法）

33

練習問題の解答

1. ［問題は，☞p.9］ $a \sim c$ は難しくないでしょうが，問題は d です．「$n=6 \to n=5$」の境界を，的確にとらえましょう．

解　P が F $\to$ E（$0<t\leqq 12$）のとき，$n=3$ である(☞右図の網目部)．また，図のように P_1 の位置を定めると，P が E $\to P_1$（$12<t\leqq 21$）のとき，$n=4$ であり(☞太線部)，$P_1 \to$ H（$21<t\leqq 24$）のときは，$n=5$ である．

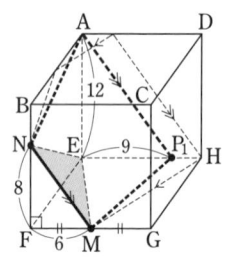

次に，P が H を過ぎると（$t>24$），$n=6$ となるが(☞注)，右下図のように，切り口が D を通るときの P の位置を P_2 とすると，このとき(太線部のように，$n=5$ となるから)の t が d である．ここで，図のように点 Q, R を定め，$BR=x$ とおくと，網目部の相似から，$FQ=2x$, $P_2H=3x$；また，斜線部の合同から，$GP_2=2x$

$\therefore\ GH=3x+2x=5x=12$

$\therefore\ x=\dfrac{12}{5}$　$\therefore\ t=24+\dfrac{12}{5}\times 3=\dfrac{156}{5}$

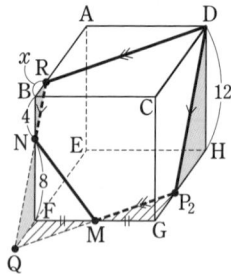

以上により，答えは，$a=12$, $b=21$, $c=24$, $d=\dfrac{156}{5}$

➡注　P が H $\to P_2$ のとき，$n=6$ であることは，各自，図を書いて確認しましょう．

2. ［☞p.14］立方体以外の角柱の切断においても，**相似形を利用する**という原則に変わりはありません．

解　（1）△APQ∽△ABC で，相似比は，$5:7.5=2:3$ であるから，$PQ=6$ である．

よって，PQ の中点を M とすると，$PM=3$ で，$AM=\sqrt{5^2-3^2}=4$

$\therefore\ \triangle APQ=\dfrac{6\times 4}{2}=12$　$\cdots\cdots\cdots\cdots\cdots$①

第1章・練習問題の解答

(2) 図のようにVをとると，
V-DSR∽V-APQ で，相似比は，
$2.5 : 5 = 1 : 2$ …② であるから，

$$APQ\text{-}DSR = V\text{-}APQ \times \left\{1^3 - \left(\frac{1}{2}\right)^3\right\} \quad \cdots ③$$

②より，$VA = 2AD = 12$ であり，また，
$VA \perp \triangle APQ$ であるから，

$$③ = \frac{1}{3} \times ① \times 12 \times \frac{7}{8} = \mathbf{42}$$

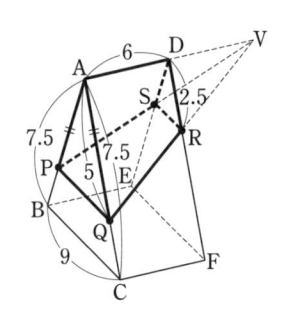

3. [☞p.14] 直方体は，その中心O（対角線の交点）に関して点対称な図形ですから，**Oを通るどんな平面によっても，その体積を2等分されます**．本問でも，これに着目して解くのが明快です（なお，☞注）．

解 右図のように，点P, Q, D'をとると，
網目部分の相似から，$AP = AI \times \frac{12}{8} = 9$
∴ $PD = 3$ ………① , $DD' = 2$ ………②
斜線部分の相似から，
$CQ = CJ \times \frac{12}{6} = 8$ ∴ $QD = 4$ ………③

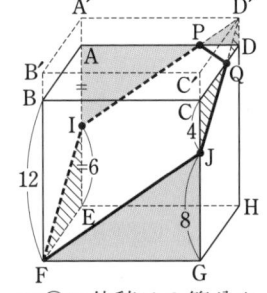

ところで，図のように，直方体 A'B'C'D'-EFGH …④ を作ると，平面 D'IFJ …⑤ によって④の体積は2等分されるから，求める立体（立方体の⑤より下の部分）の体積は，

$$\frac{④}{2} - D'\text{-}DPQ = \frac{12^2 \times (12 + ②)}{2} - \frac{1}{3} \times \frac{① \times ③}{2} \times ② = 1008 - 4 = \mathbf{1004}$$

➡**注** 求積すべき立体を，五角錐 F-GHDQJ，五角錐 F-EHDPI，三角錐 F-DPQ に分割して求めることもできますが，少し面倒です．

4. [☞p.17] 例題6と同様に，2つの三角錐に分割して，p.14の公式Ⓐを使う解法をとりますが，一工夫が必要です（なお，☞注）．

解 四角錐 O-ARSC の体積を V とする．
$\triangle BAC \backsim \triangle BRS$ で，相似比は，$BA : BR = 6 : 4 = 3 : 2$ ………①
より，$\triangle ARSC = \triangle BAC \times \left\{1^2 - \left(\frac{2}{3}\right)^2\right\} = \frac{6^2}{2} \times \frac{5}{9} = 10$ ………②

35

また，O から底面 ARSC（ABCD）までの高さは OH であり，△OAC≡△BAC（三辺相等）より，OH＝BH＝$3\sqrt{2}$ ……………③

∴ $V=\dfrac{1}{3}×②×③=10\sqrt{2}$ ……④

ところで，右図のように，四角錐 O-ARSC を平面 ORC で分割すると，

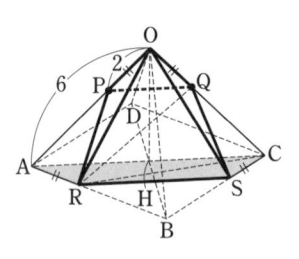

O-ARC：O-RSC＝AC：RS＝① であるから，求める体積は，

$$O\text{-}PRSQ=O\text{-}PRQ+O\text{-}RSQ=\dfrac{3}{5}V×\dfrac{OP}{OA}×\dfrac{OQ}{OC}+\dfrac{2}{5}V×\dfrac{OQ}{OC}$$

$$=\dfrac{3}{5}V×\dfrac{1}{3}×\dfrac{1}{3}+\dfrac{2}{5}V×\dfrac{1}{3}=\dfrac{1}{15}V+\dfrac{2}{15}V=\dfrac{1}{5}V=\dfrac{1}{5}×④=\mathbf{2\sqrt{2}}$$

➡注　図形全体は，面 OBD に関して対称ですから，この面を取り出して，O から □PRSQ までの'高さ'をとらえる手もあります（Section ③で詳しく解説するように，この '**高さ**' は対称面 **OBD** 上に現れる）．

5．［☞p.17］研究にある公式☆を知っていると手早いのですが…．

解（1）AP：PB＝AQ：QC＝3：2 より，PQ∥BC
よって，平面 PQR∥BC であるから，RS∥BC

これと，CR：RD＝3：2 より，RS＝BC×$\dfrac{2}{3+2}$＝$\mathbf{2\sqrt{2}}$

（2）立体 RS-BCQP を右図の網目部のような，S，R を通って BC に垂直な平面で切ると，

$$SH=DA×\dfrac{3}{5}=3 \cdots ①,\quad IJ=\dfrac{5}{\sqrt{2}}×\dfrac{2}{5}=\sqrt{2} \quad \cdots ②$$

また，$CI=\dfrac{5\sqrt{2}-2\sqrt{2}}{2}=\dfrac{3\sqrt{2}}{2}$ ……………③

$QJ=\dfrac{3\sqrt{2}-2\sqrt{2}}{2}=\dfrac{\sqrt{2}}{2}$ ……………④

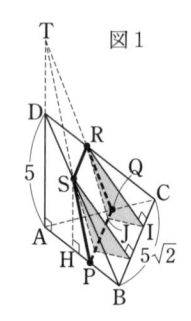

よって，RS-BCQP の体積は，

$$\dfrac{②×①}{2}×2\sqrt{2}+\left(\dfrac{1}{3}×\dfrac{③+④}{2}×②×①\right)×2=6+4=\mathbf{10}\ \ \cdots\cdots⑤$$

ところで，D-ABC＝$\dfrac{1}{3}×\dfrac{5^2}{2}×5=\dfrac{125}{6}$ であるから，⑤が答えである．

第 1 章・練習問題の解答

■**研究** 一般に，三角柱を切断した右図の太線部のような立体の体積を V とすると，
$$V = S \times \frac{a+b+c}{3} \cdots ☆$$ が成り立ちます。
本問で，これを使うと，
$$\text{RS-BCQP} = \frac{② \times ①}{2} \times \frac{\text{RS}+\text{PQ}+\text{BC}}{3}$$
$$= \frac{3\sqrt{2}}{2} \times \frac{2\sqrt{2}+3\sqrt{2}+5\sqrt{2}}{3} = 10$$

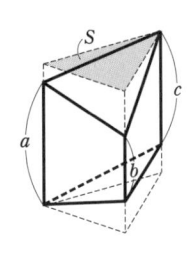

➡**注** 図 1 のように点 T をとって，'大きい方の立体の体積' を求める手もあります。

　なお，△ABC，△ABD，△ACD はすべて直角二等辺三角形，△BCD は正三角形です。

6. [☞p.20]（**1**）「AP＝PG」から，方程式を立てます。
（**2**）立体図形上の 2 点間の距離は，その 2 点を結ぶ線分を対角線とする直方体をイメージして求めます（☞p.8）。
（**3**）定石通り，**体積を利用**します。

解（**1**）PB＝x とおくと，
$\text{AP}^2 = 8^2 + x^2 \cdots ①$，$\text{PG}^2 = (8-x)^2 + 4^2 \cdots ②$
①＝② を整理して，$16x = 16$　∴ $x = 1$ ……③
（**2**）$\text{AG} = \sqrt{\text{AB}^2 + \text{BC}^2 + \text{CG}^2}$
　　　　 $= \sqrt{8^2 + 4^2 + 8^2} = 12$

同様に，$\text{PQ} = \sqrt{8^2 + (8-1\times 2)^2 + 4^2} = \sqrt{8^2 + 6^2 + 4^2} = 2\sqrt{29}$

AG⊥PQ であるから，□APGQ $= \dfrac{\text{AG}\times\text{PQ}}{2} = \mathbf{12\sqrt{29}}$ ……④

➡**注** 図形全体は，図の点 O に関して点対称（＊）ですから，QH＝PB＝③ です。

（**3**）E-APGQ ＝ EFGH-APGQ －（P-EFG ＋ Q-EGH）
$$= \frac{8\times 4\times 8}{2} - \left(\frac{8\times 4\times 7}{6} + \frac{8\times 4\times 1}{6}\right)$$
$$= 128 - \left(\frac{112}{3} + \frac{16}{3}\right) = \frac{256}{3} \cdots\cdots ⑤$$

よって，ER＝h とすると，$\dfrac{1}{3} \times ④ \times h = ⑤$　∴ $h = \dfrac{⑤ \times 3}{④} = \dfrac{\mathbf{64\sqrt{29}}}{\mathbf{87}}$

➡**注**（2）の注の（＊）より，図形――の体積は，直方体の体積の半分になります（☞p.35）。

37

7. [☞p.22] （1） Section ①で学んだ切断の基本(☞p.6)を思い出しましょう．

（2） まず，V_1，V_2 の形を確実にとらえて，その上で，V，V_1，V_2 のうち，体積が求めやすそうな2つを求めましょう．

解 （1） RQ と EA との交点を I とし，IP と EH との交点を J とする．

△QAI≡△QBR より，IA＝RB＝3

△IAP∽△IEJ で，相似比は，
IA：IE＝1：3 より，EJ＝3AP＝6
よって，J＝H であるから，切り口は，図1 の太線のような**五角形**になる．

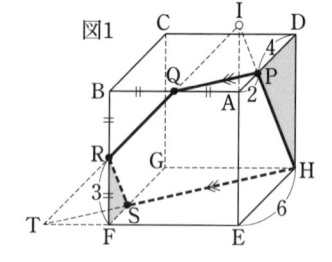

➡注 図の網目部の相似より，FS＝2 です．

（2） 図1 において，I-EHT∽I-APQ∽R-FST で，相似比は，
EH：AP：FS＝3：1：1 であるから，V の体積は，

$$\text{I-APQ} \times (3^3 - 1^3 \times 2) = \left(\frac{1}{3} \times \frac{2 \times 3}{2} \times 3\right) \times 25 = 3 \times 25 = 75 \quad \cdots\cdots ①$$

次に，2平面 PQR と BDE との交線は，図2 の KL であり，V_2 は図の太線部のようになる．ここで，IL：LH＝IE：DH＝(3＋6)：6＝3：2 であるから，

$$\triangle\text{IEL} = \triangle\text{IEH} \times \frac{\text{IL}}{\text{IH}} = \frac{6 \times 9}{2} \times \frac{3}{3+2} = \frac{81}{5}$$

また，△IKE は '45°定規形' であるから，K から △IEL までの高さは，$\dfrac{\text{IE}}{2} = \dfrac{9}{2}$

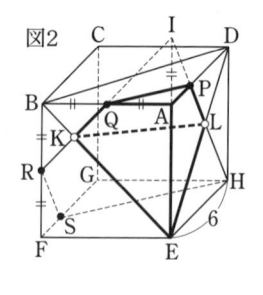

よって，V_2 の体積は，K-IEL－I-APQ＝$\dfrac{1}{3} \times \dfrac{81}{5} \times \dfrac{9}{2} - 3 = \dfrac{213}{10}$ ……②

∴ $V_1 : V_2 = (① - ②) : ② = \mathbf{179 : 71}$

8. [☞p.26] （2） H を頂点と見るのが自然ですが，OB の長さが与えられていないので，'高さ'をすぐには求められません(☞別解)．そこで，p.24 の☆に着目して，視点を変えてみます．

第1章・練習問題の解答

解 （1） 図形全体は，面 OBD に関して対称であるから，CH＝AH＝$\dfrac{\sqrt{6}}{3}$ …………①

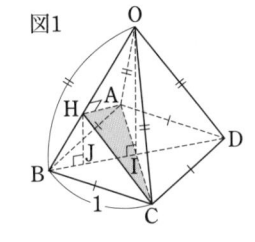

また，AC＝$\sqrt{2}$ であるから，
$$AH : CH : AC = 1 : 1 : \sqrt{3}$$
∴ ∠AHC＝**120°**

➡注 '頂角が120°(底角が30°)の二等辺三角形'の3辺比，面積については，☞p.143．

（2） H-ABCD＝H-ABC×2＝B-AHC×2 …………②

ここで，BH⊥AH，BH⊥CH …③ より，BH⊥△AHC であり，③より，BH＝$\sqrt{1^2 - ①^2} = \dfrac{\sqrt{3}}{3}$ …④ であるから，

$$② = \left\{ \dfrac{1}{3} \times \left(\dfrac{\sqrt{3}}{4} \times ①^2 \right) \times ④ \right\} \times 2 = \dfrac{1}{9}$$

➡注 '対称性'により，①と同様に③が成り立ちます．

別解 図1のように I，J をとると，△OBI は図2のようになる(☞注)．
ここで，△IHB の3辺比は，
$$IH : HB : BI = 1 : \sqrt{2} : \sqrt{3}$$
であり，△HJB もこれと相似形であるから，
$$HJ = BH \times \dfrac{1}{\sqrt{3}} = \dfrac{1}{3}$$ 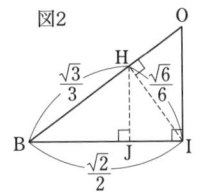
∴ H-ABCD＝$\dfrac{1}{3} \times \square ABCD \times HJ = \dfrac{1}{3} \times 1^2 \times \dfrac{1}{3} = \dfrac{1}{9}$

➡注 IH＝$\dfrac{①}{2} = \dfrac{\sqrt{6}}{6}$ です．なお，OI＝$\dfrac{1}{2}$ です．

9. [☞p.26]「AB＝AC＝AD」の条件から，△BCD の外接円の中心を O とすると，AO⊥△BCD となります(☞p.25 の注)．

解 （1） CD の中点を M とすると，
$$BM = \sqrt{5^2 - 3^2} = 4 \quad ∴ \quad △BCD = \dfrac{6 \times 4}{2} = \mathbf{12}$$

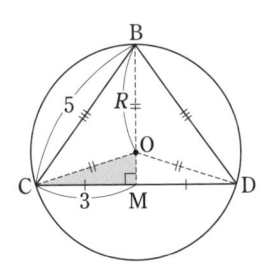

（2） △BCD の外接円の中心を O，半径を R とすると，右図のようになって，△OCM において，
$$R^2 = (4-R)^2 + 3^2 \quad ∴ \quad 8R = 25 \quad ∴ \quad R = \dfrac{25}{8}$$

39

（3） Aから面BCDに下ろした垂線の足をO′とすると，直角三角形の斜辺と他の一辺相等で，
$$\triangle ABO′ \equiv \triangle ACO′ \equiv \triangle ADO′$$
∴ O′B=O′C=O′D ∴ O′=O
すると，$AO′=\sqrt{5^2-R^2}=\dfrac{5\sqrt{39}}{8}$

∴ $A\text{-}BCD=\dfrac{1}{3}\times 12\times \dfrac{5\sqrt{39}}{8}=\dfrac{5\sqrt{39}}{2}$

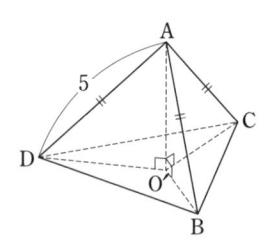

10．[☞p.26]（3） ADの長さが目標になります．H，Q，R，Sなどを頂点とする直方体(図1の太線部)をイメージして考えましょう．

解　Pを通って面AEHDに平行な面による直方体の切り口を，図1のようにPTUVとする（太線部は，Hを中心として，AEHD-PTUVを1/2倍に縮小した直方体である）．

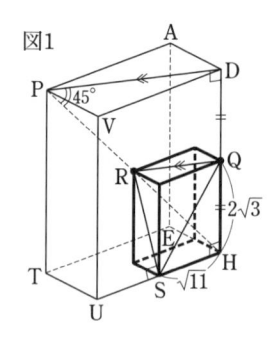

（1）∠DPH=45°より，△DPHは45°定規形であるから，
$$PH=HD\times\sqrt{2}=(2\sqrt{3}\times 2)\times\sqrt{2}=4\sqrt{6}$$

（2）QR∥DPより，△QRHも45°定規形であるから，
$$QR=HQ=2\sqrt{3}\ \cdots\cdots① ,\ HR=①\times\sqrt{2}=2\sqrt{6}\ \cdots\cdots②$$
また，$QS=\sqrt{(2\sqrt{3})^2+(\sqrt{11})^2}=\sqrt{23}$，$RS=\sqrt{②^2-(\sqrt{11})^2}=\sqrt{13}$

よって，△QRSは図2のようになって，図のようにI，xをとると，
$$SI^2=(\sqrt{13})^2-x^2=(\sqrt{23})^2-(2\sqrt{3}-x)^2$$
∴ $x=\dfrac{1}{2\sqrt{3}}$ ∴ $SI=\sqrt{13-x^2}=\dfrac{\sqrt{155}}{2\sqrt{3}}\ \cdots ③$

∴ $\triangle QRS=\dfrac{2\sqrt{3}\times ③}{2}=\dfrac{\sqrt{155}}{2}$

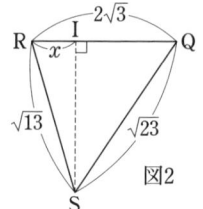

（3）図1において，$AP=HS\times 2=2\sqrt{11}\ \cdots\cdots④$
であるから，$AD=\sqrt{PD^2-④^2}=\sqrt{(4\sqrt{3})^2-(2\sqrt{11})^2}=2\ \cdots\cdots⑤$

∴ $R\text{-}APD=\dfrac{1}{3}\times \triangle APD\times 2\sqrt{3}=\dfrac{1}{3}\times\dfrac{④\times ⑤}{2}\times 2\sqrt{3}=\dfrac{4\sqrt{33}}{3}$

40

第1章・練習問題の解答

11. [☞p.28] 対称面 ABD による切り口を底面と見ます。

解 図形全体は，面 ABD に関して対称であり，図1のように H をとると，△ABD は図2のようになる．

ここで，△ABD は（△CBD と合同な）'45°定規形' …① であるから，○＝45°，AH＝DH

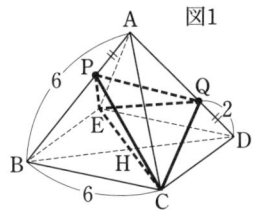

∴ △APH≡△DQH ∴ PH＝QH

これと，∠PHQ＝∠PHA＋∠AHQ＝∠QHD＋∠AHQ＝90°

より，△PHQ も '45°定規形' …② である．

①より，∠PAQ＝90°であるから，

$$PQ = \sqrt{AP^2 + AQ^2} = \sqrt{2^2 + 4^2} = 2\sqrt{5}$$

これと②より，$PH = QH = \dfrac{PQ}{\sqrt{2}} = \sqrt{10}$ ……③

よって，求める体積は，

$$\frac{1}{3} \times \triangle PHQ \times CE = \frac{1}{3} \times \frac{③^2}{2} \times 6\sqrt{2} = \mathbf{10\sqrt{2}}$$

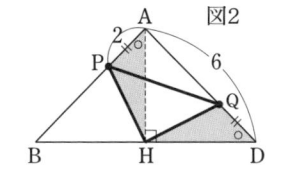

➡**注** P から △QCE への垂線の長さを，対称面 ABD 上で求めようとすると，②より，PH がその垂線と分かり，$\dfrac{1}{3} \times \triangle QCE \times PH$ として体積を求められます（上の解とほぼ同様）．

12. [☞p.29] OABC の中に含まれる求積しやすい立体を見つけ，それとの関連で求積をします（Ⅱの手法と発想は似ていますが，'和'として求めていることになるので，いわば，ⅠとⅡの中間のポジション？）．

解　（1）右図で，△OAD は正三角形であるから，$\triangle OAB = \triangle OAD \times \dfrac{OB}{OD}$

$$= \left(\frac{\sqrt{3}}{4} \times 3^2\right) \times \frac{4}{3} = \mathbf{3\sqrt{3}}$$

➡**注**（2）につながるように '正三角形' を作りましたが，ふつうは A から OB に垂線を下ろして '三角定規形' を作るところでしょう．

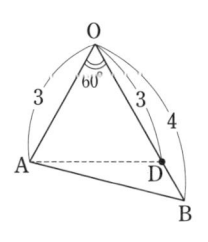

41

（**2**） 図のように E をとると，△ODE，△OEA，
△ADE も（1）の △OAD と合同な正三角形であるから，OADE は正四面体である．

∴ OABC = OADE × $\dfrac{OB}{OD} \times \dfrac{OC}{OE}$

$= \left(\dfrac{\sqrt{2}}{12} \times 3^3\right) \times \dfrac{4}{3} \times \dfrac{4}{3} = 4\sqrt{2}$

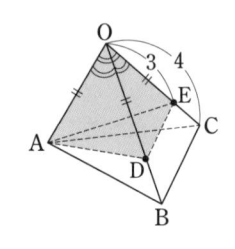

➡注　正四面体の体積公式については，☞p.17．

13．［☞p.31］（3）が問題です．「$U = S -$（三角錐台）」であることに着目し，相似を利用しましょう．

解　（**1**） 平面 CHE(B) は，直方体の中心（対角線の交点）O を通るから，S の体積は，直方体の体積の半分である（☞p.35）．

∴ $\dfrac{3 \times 4 \times 3}{2} = 18$ ……………①

（**2**） 平面 AMG も O を通るから，T の体積は，S と同様に，**18**

➡注　平面 AMG と辺 CD との交点 N は，CD の中点です．

（**3**） U は，図の太線部分のようになる（PQ は，（1）と（2）の切断面の交線）．

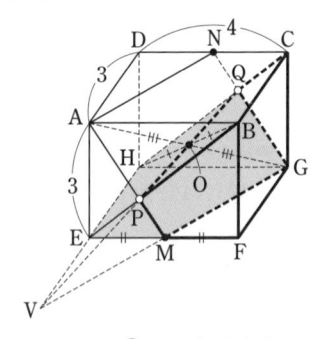

　図のように点 V をとると，

V-PEM ∽ V-QHG で，相似比は，EM : HG = 1 : 2 …② であるから，網目部分の三角錐台の体積は，V-PEM × $(2^3 - 1^3)$ ……………③

　ここで，②より，VE = EH = 3．また，AP : PM = AB : EM = 2 : 1 より，△PEM = △AEM × $\dfrac{1}{2+1} = \dfrac{3 \times 2}{2} \times \dfrac{1}{3} = 1$

であるから，③ $= \left(\dfrac{1}{3} \times 1 \times 3\right) \times 7 = 7$ ……………④

　よって，求める U の体積は，①－④ = **11**

14. [☞p.33] （3）を（4）につなげるためには，'等積変形'が必要になります。

解 （1）（i） CP$=x$ とおくとき，
$$AP^2 = AC^2 + CP^2 = 2^2 + x^2 = x^2 + 4 \quad \cdots\cdots ①$$
また，$EP^2 = EF^2 + FP^2$
$$= 2^2 + (3-x)^2 = x^2 - 6x + 13 \quad \cdots\cdots ②$$
（ii） △AEP で，$AE^2 = AP^2 + EP^2$ であるから，
$$3^2 + 2^2 = ① + ② \quad \therefore \quad x^2 - 3x + 2 = 0$$
$$\therefore \quad (x-1)(x-2) = 0$$
CP＜PF より，$x < 1.5$ であるから，$x = 1$

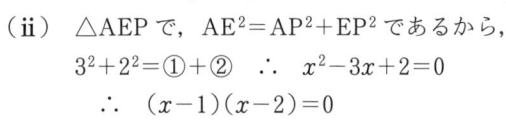

➡注 以上のように，立体図形においても，直角をとらえるのは'三平方の定理'によるのが基本です。

（2） このとき，AP$=\sqrt{①}=\sqrt{5}$ …③，EP$=\sqrt{②}=\sqrt{8}=2\sqrt{2}$ ……④
$$\therefore \quad \triangle AEP = \frac{③ \times ④}{2} = \sqrt{10} \quad \cdots\cdots\cdots ⑤$$

（3） 三角錐の頂点を E と見ると，底面 ABC までの高さは，EB$=3$ であるから，E-ABC$=\dfrac{1}{3} \times \left(\dfrac{\sqrt{3}}{4} \times 2^2\right) \times 3 = \sqrt{3}$

別解 頂点を C と見ると，底面 ABE までの高さは，AB の中点を M として，CM$=\sqrt{3}$ であるから，C-ABE$=\dfrac{1}{3} \times \dfrac{2 \times 3}{2} \times \sqrt{3} = \sqrt{3}$ ……………⑥

（4） CF // 面 ABED より，C，P から面 ABED に下ろした垂線の長さは等しいので，P-ABE$=$C-ABE$=⑥=\sqrt{3}$ ………………⑦
よって，B から△AEP に下ろした垂線の長さを h とすると，
$$⑦ = \frac{1}{3} \times ⑤ \times h \quad \therefore \quad h = \frac{⑦ \times 3}{⑤} = \frac{3\sqrt{30}}{10}$$

第2章 球・円柱・円錐のTraining

◆Section 1 内接球

1. 角柱の内接球

このタイプでの'角柱'として圧倒的に多いのは，もちろん立方体です．そして，そこでのメインテーマは，**球の切断面の面積を求める**ことです．

球の切り口の面積

球を平面で切った切り口は円であり，その中心は，球の中心 O から切断する平面 p に下ろした垂線の足 O′ である（右図）．

球の半径を R，切り口の円の半径を r，球の中心から平面までの距離（OO′）を d とすると， $R^2 = r^2 + d^2$

よって，切り口の円 O′ の面積 S は，
$$S = \pi r^2 = \pi(R^2 - d^2)$$

（d を求めることが目標になる問題が多い．）

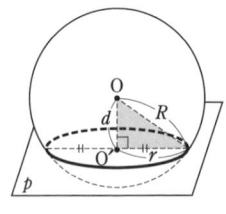

※なお，半径 r の球の，
表面積は，$4\pi r^2$
体積は，$\dfrac{4}{3}\pi r^3$

例題 1. 1辺の長さ 2 の立方体 ABCD-EFGH に内接する球がある．この球を次の平面で切るとき，切り口の円の半径の長さをそれぞれ求めなさい．

(1) 辺 FG の中点を M として，3点 A，B，M を通る平面
(2) 3点 A，F，H を通る平面

（09　ラ・サール）

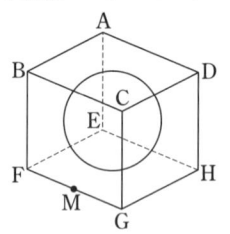

Section ① 内接球

球の中心と，切り口の円の中心を含む平面を取り出します．

解 （1） 辺 AB, CD, EF, GH の中点を通る平面による切り口は，右図のようになる（O は球の中心，太線は平面 ABM の切り口，そして，O から太線に下ろした垂線の足 O′ が円の中心）．

ここで，△OO′Q∽△PRQ で，これらの 3 辺比は $1:2:\sqrt{5}$ であるから，求める円の半径は，

$$r_1 = OQ \times \frac{2}{\sqrt{5}} = 1 \times \frac{2}{\sqrt{5}} = \frac{2\sqrt{5}}{5}$$

（2） 平面 AEGC による切り口は，右図のようになる（太線は平面 AFH の切り口）．

ここで，（1）と同様にして，網目の三角形の 3 辺比は $1:\sqrt{2}:\sqrt{3}$ であるから，求める円の半径は，$r_2 = 1 \times \dfrac{\sqrt{2}}{\sqrt{3}} = \dfrac{\sqrt{6}}{3}$

別解 △AFH は 1 辺 $2\sqrt{2}$ の正三角形であり，平面 AFH による球の切り口はその内接円であるから，

$$r_2 = \sqrt{2} \times \frac{1}{\sqrt{3}} = \frac{\sqrt{6}}{3}$$

➡注 （1）も（2）も，取り出した平面は'対称面'です．この平面上に，内接球の中心 O，切り口の円の中心 O′ などが現れることは明らかでしょう．

──**練習問題**［解答は，☞p.60］──

1★ 右の図のような底面が 1 辺 2 の正三角形である正三角柱 ABC-DEF があり，5 つの面すべてに接する球 O が入っている．
（1） 球 O の半径を求めなさい．
（2） 辺 AB, AC の中点をそれぞれ G, H とし，3 点 G, H, E を通る平面でこの立体を切断する．このとき，切断された球 O の切り口の円の面積を求めなさい．

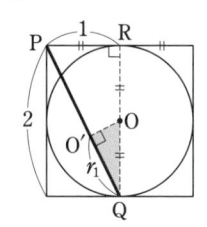

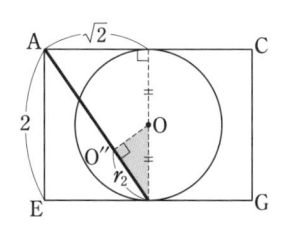

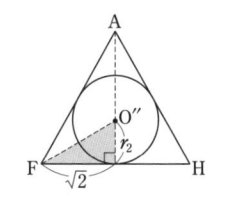

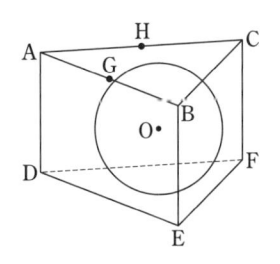

（10　成城）

45

2. 角錐の内接球

角錐の内接球の問題でのメインテーマは，球の半径そのものを求めることです．その手法は，
　Ⅰ．体積を経由する．
　Ⅱ．面対称な図形では，対対面を取り出す．
の2つに大別されます．

次の例題では，Ⅰの誘導が付いています．

角柱・角錐での'垂線の長さ'を求める手法と同様(☞p.18)．

例題 2. 図のように1辺の長さが6の立方体 ABCD-EFGH がある．この立方体の4つの頂点 A, C, F, H を結んで四面体 ACFH をつくる．
(1) 四面体 ACFH の体積を求めなさい．
(2) 四面体 ACFH の表面積を求めなさい．
(3) 四面体 ACFH の中に入る最も大きい球の半径を求めなさい． (11 芝浦工大柏)

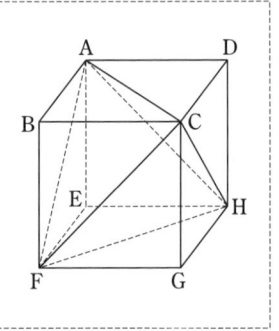

(3) 内接球の中心と四面体の各頂点とを結んで，四面体を分割します．

解 (1) ACFH は，1辺の長さが $6\sqrt{2}$ の正四面体である．その体積は，

立方体 － C-FGH × 4

$= 6^3 - \left(\dfrac{1}{3} \times \dfrac{6^2}{2} \times 6 \right) \times 4 = \mathbf{72}$ ………①

(2) 表面積は，

$\left\{ \dfrac{\sqrt{3}}{4} \times (6\sqrt{2})^2 \right\} \times 4 = \mathbf{72\sqrt{3}}$ ……②

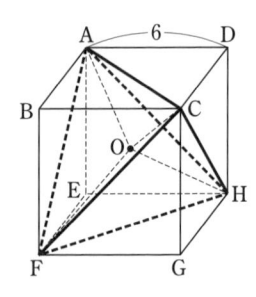

(3) ACFH の内接球の中心を O，半径を r とする．O と ACFH の各頂点とを結んで，ACFH を合同な4つの三角錐に分割すると(☞上図)，

$$\text{ACFH} = \text{O-ACF} \times 4 = \left(\dfrac{1}{3} \times \triangle\text{ACF} \times r \right) \times 4$$

$\therefore\ r = \dfrac{3 \times \text{ACFH}}{4 \times \triangle\text{ACF}} = \dfrac{3 \times ①}{②} = \mathbf{\sqrt{3}}$

Section ① 内接球

➡注 本問の'埋め込み'の図から，次の2点が一瞬で（！）分かります．
○ 正四面体 ACFH の外接球は立方体の外接球であるから，その半径は，
$$R = \frac{AG}{2} = \frac{6\sqrt{3}}{2} = 3\sqrt{3}$$
○ 正四面体 ACFH のすべての辺に接する球は立方体の内接球であるから，その半径は，$\frac{AB}{2} = \frac{6}{2} = 3$

* *

例題2の(3)を，'埋め込み'の誘導なしに考えてみましょう．このときは，前ページの手法Ⅱによることになります．

図1の網目の平面（対称面）を取り出すと，図2のようになって，角の二等分線の定理により，

$$AO : OI = AM : MI = 3 : 1 \cdots\cdots\cdots ③$$

∴ $r = OI = AI \times \dfrac{1}{3+1}$

$= \left(\dfrac{\sqrt{6}}{3} \times 6\sqrt{2}\right) \times \dfrac{1}{4} = \sqrt{3}$

➡注 1辺の長さが a の正四面体の高さが $\dfrac{\sqrt{6}}{3}a$ …④ であることについては，☞p.17．なお，これと③より，

$R = ④ \times \dfrac{3}{4} = \dfrac{\sqrt{6}}{4}a, \quad r = ④ \times \dfrac{1}{4} = \dfrac{\sqrt{6}}{12}a$

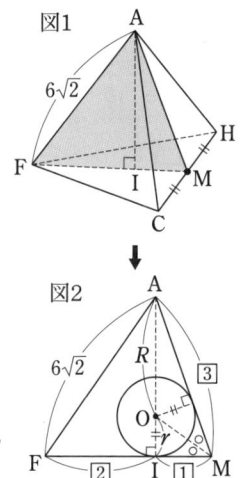

────練習問題［☞p.61］────

2. 図のように，すべての辺の長さが $\sqrt{3}+1$ の正四角錐 OABCD がある．この正四角錐の内部で各面と球が接しているとき，次の問いに答えなさい．

（1） 底面 ABCD の対角線の交点を H とするとき，OH の長さを求めなさい．
（2） この球の半径を求めなさい．
（3） 球面上の点から辺 OA までの最短距離を求めなさい．

（12 青雲）

Section ② 外接球・辺に接する球

1. 角柱・角錐の外接球

まずは，最も基本的な図形である立方体と正四面体の外接球からです．

正四面体の外接球については，前節でも軽く触れてある．

> **例題 3.** 次の各問いに答えなさい．
> （1） 直径 9 の球の中におさまる立方体のうちで，体積が最大となる立方体の 1 辺の長さを求めなさい．　　　　　（08　市川）
> （2） 図のように，球の表面上の 4 点 A，B，C，D を頂点とする，1 辺が 2 の正四面体 ABCD があります．
> （ⅰ） 正四面体 ABCD の高さを求めなさい．
> （ⅱ） 球の半径を求めなさい．
> 　　　　　　　（09　宮城学院）

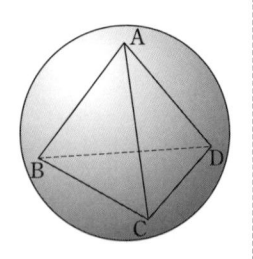

（1） もちろん，球が立方体に外接する場合です．
（2） 外接球の半径は，**三平方によって求める**のが基本です．

解 （1） 立方体の体積が最大となるのは，立方体が球に内接する場合であるから，立方体の対角線が球の直径となる（中心は，対角線 AB の中点 O）．

よって，求める 1 辺の長さを a とすると，
$$\sqrt{3}\,a = 9 \quad \therefore \quad a = 3\sqrt{3}$$

➡注　1 辺の長さが a の立方体の対角線の長さは，$\sqrt{3}\,a$（外接球の半径は，$\sqrt{3}\,a/2$）になります（☞p.8）．

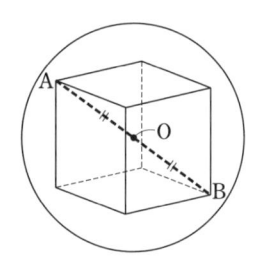

Section 2 外接球・辺に接する球

(2)(i) A から底面 BCD に下ろした垂線の足を H とすると，H は △BCD の中心である．このとき，CD の中点を M とすると，△CMH は 30°定規形であるから，

$$CH(=BH)=CM \times \frac{2}{\sqrt{3}}=1 \times \frac{2}{\sqrt{3}}=\frac{2\sqrt{3}}{3} \cdots ①$$

$$\therefore \quad AH=\sqrt{2^2-①^2}=\frac{2\sqrt{6}}{3} \quad \cdots\cdots\cdots\cdots ②$$

(ii) 球の中心を O とし，半径($=OA=OB$) を R とすると，$OB^2=OH^2+BH^2$ より，

$$R^2=(②-R)^2+①^2 \quad \therefore \quad \frac{4\sqrt{6}}{3}R=4 \quad \therefore \quad R=\frac{\sqrt{6}}{2}$$

➡注 O は，正四面体 ABCD の中心であり，外接球の中心，内接球の中心，すべての辺に接する球の中心，… などは，もちろんすべてこの点 O と一致します（各頂点から対面への 4 本の垂線も O で交わっている）．

──練習問題 [☞ p.61]──

3★ 図のように，4 点 A，B，C，D が球面上にある．四面体 ABCD の各辺の長さは，$AB=\sqrt{3}$ で，残りの辺の長さはすべて 2 である．
 (1) 辺 CD の中点を M とするとき，線分 BM の長さを求めなさい．
 (2) 球の中心を O とし，O から BM に垂線を引いて，BM との交点を H とするとき，線分 OH の長さを求めなさい．
 (3) 線分 OB の長さを求めなさい．

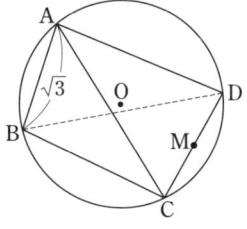

(10 立命館)

2. 辺に接する球

　角柱や角錐の '辺に接する球' が問題になることがあります．そこではもちろん，接点の位置をとらえる必要がありますが，ほとんどの場合は，対称性から辺の中点で接するので，あまり問題はないはずです．

　正四面体のすべての辺に接する球については，やはり前節で取り上げた．

49

例題 4. 1辺の長さが4の立方体 ABCD-EFGH をつくり，その立方体のすべての辺に接する球を考える．
(1) 球の半径を求めなさい．
(2) 平面 ACGE で切ったとき，四角形 ACGE と円が重なっている部分の面積を求めなさい． （10 芝浦工大柏）

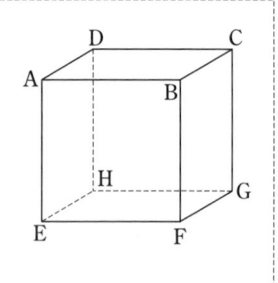

球の中心は立方体の中心（対角線の交点），接点は各辺の中点です．（2）を見据えて，平面 ACGE を取り出しましょう．

解 (1) 図形全体を平面 ACGE で切った切り口は，右の図のようになる．ここで，O は球の中心，○ は球と辺との接点である．
よって，球の半径は，

$$\frac{AC}{2} = \frac{4\sqrt{2}}{2} = 2\sqrt{2} \quad \cdots\cdots① $$

(2) 右図で，OI : OJ = 2 : ① = 1 : $\sqrt{2}$ であるから，△OIJ，△OJK はともに 45°定規形である．
よって，求める面積は，

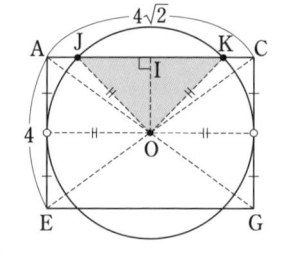

$$ 円O - 弓形 \times 2 = \pi \times ①^2 - \left(\pi \times ①^2 \times \frac{90}{360} - \frac{①^2}{2}\right) \times 2 = \mathbf{4\pi + 8} $$

───── 練習問題 [☞p.62] ─────

4★ 右の図のような正四角錐 O-ABCD がある．
OA = OB = OC = OD = 6
AB = BC = CD = DA = 4
であるとき，正四角錐の 8 本の辺すべてに接し，中心が正四角錐の内部にある球の半径を求めなさい． （12 渋谷幕張）

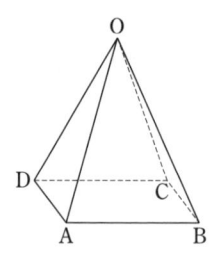

50

Section 2　外接球・辺に接する球

'辺に接する球'のバリエーションとして，容器の口の部分に接する球が問題にされることがあります．ここでも，「口の部分での球の切り口は内接円になる」という基本は変わりません．

> **例題 5.** ふたのない三角柱の容器 ABC-DEF がある．AB=6, BC=10, AC=8 である．ただし，容器の厚さは考えないものとする．
> (1) 図1のように，三角柱の容器 ABC-DEF に球Oを入れたところ，球Oは，3つの側面に接した．このとき，球Oの半径を求めなさい．
> (2) 図2のように，三角柱の容器 ABC-DEF に半径5の球Pを乗せたところ，球Pは辺AB，辺BC，辺AC と接した．この接点をそれぞれ Q, R, S とする．このとき，球の中心Pと3点 Q, R, S を結んでできる三角錐 P-QRS の体積を求めなさい．　　（12　専修大松戸）

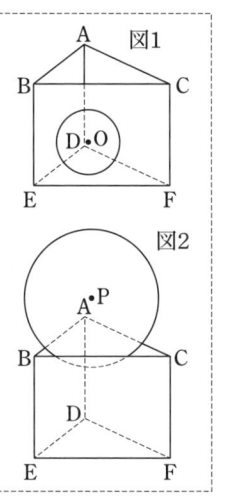

(1)で登場する'内接円'が，(2)でも重要な役割を果たします．

解　(1) 容器を真上から見ると，図3のようになって，ここで円Oは△ABC の内接円である．よって，求める半径 r は，

$$r = \frac{AB+AC-BC}{2} = \frac{6+8-10}{2} = 2 \quad \cdots ①$$

(2) 球Pと面ABCとの交わりは，△ABC の内接円であるから，接点 Q, R, S は図3のようになる．①より，BQ=BR=4, CS=CR=6 であるから，

$$\triangle QRS = \triangle ABC - (\triangle AQS + \triangle BQR + \triangle CSR)$$

$$= \triangle ABC \times \left\{ 1 - \left(\frac{2}{6} \times \frac{2}{8} + \frac{4}{6} \times \frac{4}{10} + \frac{6}{8} \times \frac{6}{10} \right) \right\}$$

$$= \frac{6 \times 8}{2} \times \frac{1}{5} = \frac{24}{5} \quad \cdots ②$$

また，三角錐の高さは，$h = \sqrt{5^2 - 2^2} = \sqrt{21}$　…③

よって，三角錐の体積は，$\dfrac{② \times ③}{3} = \dfrac{8\sqrt{21}}{5}$

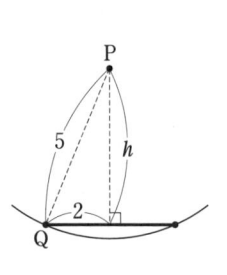

51

Section ③ 円錐と円柱

1. 円錐の展開図

円錐の展開図

底面の円の半径が r,母線の長さが l の円錐の側面の展開図（扇形）の中心角を $x°$,側面積を S とすると，

$$2\pi l \times \frac{x}{360} = 2\pi r \text{ より, } x = 360 \times \frac{r}{l}$$

$$S = \pi l^2 \times \frac{x}{360} = \pi l^2 \times \frac{r}{l} = \pi l r$$

なお，円錐の側面上を通る最短経路の問題では，側面の展開図上で考えるのが定石です（☞p.85）．

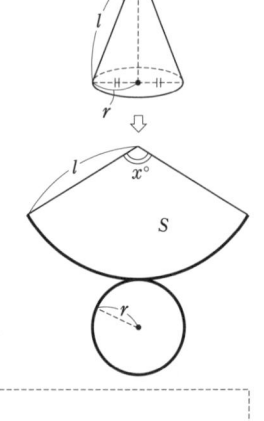

例題 6. 右図のように，円錐の展開図が長方形に接している．底面の円の半径を 3 とするとき，次の問いに答えなさい．ただし，円は長方形の 2 辺とおうぎ形に接している．
(1) 長方形の縦の長さを求めなさい．
(2) 長方形の横の長さを求めなさい．
(3) この円とおうぎ形を展開図とする円錐の体積を求めなさい．

（11 初芝富田林）

解 (1) 母線の長さを l とすると，おうぎ形の中心角が $90°$ であることから，

$$90 = 360 \times \frac{3}{l} \quad \therefore \quad l = 12$$

よって，長方形の縦の長さは，$1+l=13$ …①

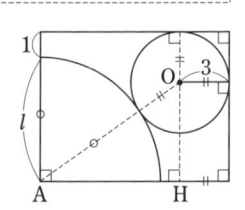

(2) 図で，AO＝l+3＝15，OH＝①－3＝10
であるから，AH＝$\sqrt{15^2-10^2}$＝$5\sqrt{5}$ ……………………②
よって，長方形の横の長さは，②+3＝$5\sqrt{5}$+3

(3) 円錐の高さは，$\sqrt{l^2-3^2}$＝$3\sqrt{15}$ であるから，求める体積は，
$$\frac{1}{3}\times 3^2\pi\times 3\sqrt{15}=9\sqrt{15}\,\pi$$

───── 練習問題 [☞ p.63] ─────

5. 底面の半径がそれぞれ 2，3 の 2 つの円錐 A，B があり，図1は円錐 A，B の展開図である．円錐 A，B の展開図におけるおうぎ形の部分を合わせるとすき間や重なりがなく，ちょうど円になり，図2のようになった．
(1) 円錐 A の展開図におけるおうぎ形の中心角の大きさを求めなさい．
(2) 円錐 B の体積を求めなさい．

（10　山形県）

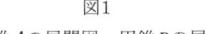

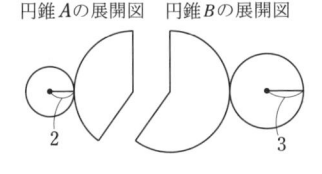

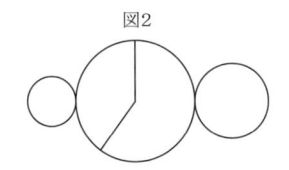

2. 円錐の底面の周上を動く点

例題 7. 図は，AB＝20，AO＝16 の円錐である．母線 AB 上の点 C から AO におろした垂線 CQ の長さは 3 である．点 P が点 B から 1 秒間に $\frac{1}{3}\pi$ の速さで底面の円周上を動くとき，次の問いに答えなさい．
(1) 点 P が点 B を出発してから 36 秒後の線分 CP の長さを求めなさい．
(2) 点 P が点 B を出発してから 48 秒後の三角錐 CBPO の体積を求めなさい．

（09　中央大付）

36秒後，48秒後の点 P の位置をつかめば，あとは紛れはないでしょう．

解 （1） △OABは，3辺比が3：4：5の直角三角形であるから，

$$OB = AB \times \frac{3}{5} = 20 \times \frac{3}{5} = 12 \quad \cdots\cdots ①$$

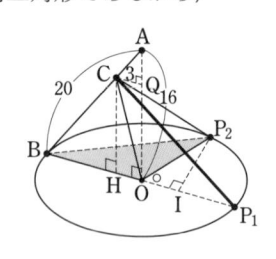

同様にして，AQ=4 ∴ CH=QO=12 …②

一方，①より，円Oの全周は 24π であるが，36秒間に，点Pは，$\frac{1}{3}\pi \times 36 = 12\pi$ だけ動くから，36秒後のPの位置を P_1 とすると，BP_1 は円Oの直径であり，$P_1H = ① + 3 = 15$ ∴ $CP_1 = \sqrt{②^2 + 15^2} = \mathbf{3\sqrt{41}}$

（2） （1）より，1秒間に ∠BOP は5°ずつ増えて行き，$5° \times 48 = 240°$ より，48秒後のPの位置を P_2 とすると，上図の ○ =60° である．

$$\therefore\ C\text{-}BP_2O = \frac{1}{3} \times \triangle BP_2O \times CH = \frac{1}{3} \times \frac{① \times 6\sqrt{3}}{2} \times ② = \mathbf{144\sqrt{3}}$$

➡注 図で，△OP_2I は30°定規形ですから，$P_2I = ① \times \sqrt{3}/2 = 6\sqrt{3}$ です．

──── 練習問題 [☞ p.64] ────

6. 図のように，母線ABの長さが8，底面積が 12π の円錐がある．点PはBを出発し，底面の周上を1周する．

（1） この円錐の体積を求めなさい．

（2） △ABPの面積が最大になるときの面積を求めなさい． （11 京華）

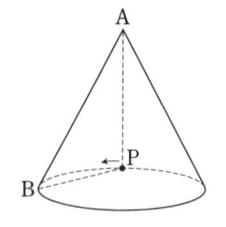

3. 円柱の内部にある直線図形の面積

例題 8. 右の図のように，底面の半径が2，高さが6の円柱がある．底面の円の中心はそれぞれ O_1, O_2 で，円 O_1 の円周上に点Aと点Bを，∠$AO_1B = 120°$ となるようにとる．また，円 O_2 の円周上に点Cを，△ABCの面積が最も大きくなるようにとる．

（1） 線分ABの長さを求めなさい．

（2） △ABCの面積を求めなさい． （07 京都府）

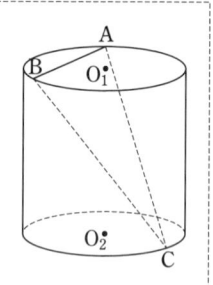

Section ③ 円錐と円柱

（2） AB を底辺と見て，C からの高さが最大になる場合をとらえます．

解 （1） 右図で，○＝60°であるから，
AB＝2AH＝2×$\sqrt{3}$＝**2$\sqrt{3}$**

➡注 本問の △O₁AB のように，**頂角が 120°の二等辺三角形**の辺の比については，☞p.143．

（2） C から上底面に垂線 CD を，D から AB に垂線 DI を下ろすと，CI⊥AB …① であるから（☞注），

$\triangle ABC = \dfrac{AB \times CI}{2} = \sqrt{3} \times CI$
$= \sqrt{3} \times \sqrt{CD^2 + DI^2} = \sqrt{3} \times \sqrt{6^2 + DI^2}$ ………②

よって，DI が最大となる場合を考えればよく，それは，D が図の ○ の位置にあるときである．

このとき，DI＝2＋O₁H＝2＋1＝3

∴ ②＝$\sqrt{3} \times \sqrt{36 + 3^2}$＝**3$\sqrt{15}$**

➡注 ①は，"三垂線の定理"（☞p.11）から言えます．

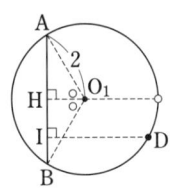

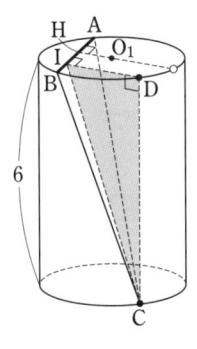

──**練習問題** [☞p.64]──

7. 空間内に，底面の半径が 1，高さが $2a$ の直円柱があり，底面からの距離が a の側面上に定点 A がある．点 A を通って底面に垂直な直線と上面，底面との交点をそれぞれ B, C とし，図のように弧 BP＝弧 CQ となる点 P, Q を上面と底面にそれぞれとる．点 A を通り，底面に平行な平面で直円柱を切ってできる切り口の円の中心を O とする．このとき，線分 PO＝線分 PA になったという．

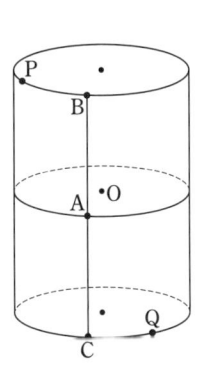

（1） 弧 BP の長さを求めなさい．
（2） 四角形 PAQO の面積 S を a を用いて表しなさい．
（3） $S=1$ となるときの a の値を求めなさい．

（07　お茶の水女子大付）

55

◇Section 4 立体の交わり

1. 円錐と球との交わり

'丸い立体'(球・円柱・円錐など)同士の交わりは，**双方の軸を含む平面で切る**と，平面図形(円・長方形・三角形など)の交わりに帰着できるので，比較的考えやすいはずです．

例題 9. 次の各問いに答えなさい．

（1） 右の図のように，円錐の中にぴったり入った(側面と底面とで接する)球があります．円錐の底面の半径と母線の長さの比は 2：5 で，円錐の高さは $3\sqrt{21}$ です．
　（ⅰ） 球の半径を求めなさい．
　（ⅱ） この円錐を，球と側面とが接しているところを通り，底面に平行な平面で切り取ります．切り口の円の半径を求めなさい． 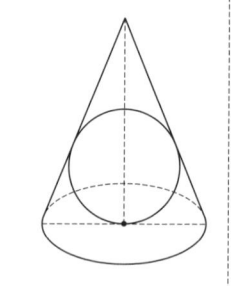
（10　東海大付相模）

（2） 半径 15 の半球の中に，半径 20，中心角 216°のおうぎ形で側面を作った円錐を，円錐の底面の周が半球内部の面にすべて接するようにおく．円錐の頂点 O から円錐の底面に垂線 OH をひき，直線 OH と半球との交点を K とするとき，OK の長さを求めなさい． 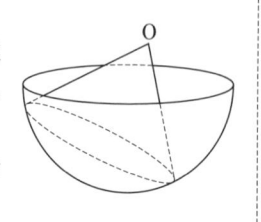
（06　筑波大付）

（1） 軸を含む平面で切ると，'二等辺三角形に円が内接している'構図です．相似を活用しましょう．

（2） '斜め'に交わっている感じなので，考えにくそうですが，球を完成させればよく見る形が現れます．

解 （1）（ⅰ） 円錐の軸を含む平面での切り口は右図のようになって（Oは球の中心），ここで，
$$\triangle AOI \backsim \triangle ABH（二角相等）\cdots\cdots①$$
であるから，球の半径をrとすると，
$$AO:OI=(3\sqrt{21}-r):r=5:2$$
$$\therefore\ 5r=6\sqrt{21}-2r\ \ \therefore\ r=\frac{6\sqrt{21}}{7}$$

（ⅱ） 題意の円の中心は，図のJで，半径はIJである．

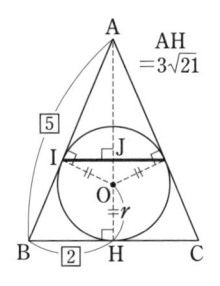

ところで，①の3辺比は，$2:5:\sqrt{21}(=\sqrt{5^2-2^2})$であるから，
$$AI=r\times\frac{\sqrt{21}}{2}=\frac{6\sqrt{21}}{7}\times\frac{\sqrt{21}}{2}=9\ \cdots\cdots②$$

$\triangle AIJ$も①と相似であるから，$IJ=②\times\dfrac{2}{5}=\dfrac{18}{5}$

➡注 「$\triangle IOJ \backsim ①$」に着目すると，$IJ=r\times\dfrac{\sqrt{21}}{5}=\dfrac{18}{5}$（②を求めなくて済む）

（2） 円錐の底面の半径をrとすると，側面の展開図の条件から，$216=360\times\dfrac{r}{20}$ $\therefore$ $r=12$

よって，右図のようになり，
$OH=\sqrt{20^2-12^2}=16$，$PH=\sqrt{15^2-12^2}=9$

$\therefore$ $OP=OH-PH=16-9=7$

$\therefore$ $OK=OP+PK=7+15=\mathbf{22}$

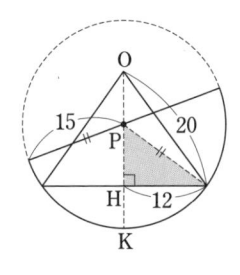

────**練習問題** [☞ p.65]────

8. 中心がOで，半径が6の球に，高さが9の円錐が図のように内接している．

（1） 円錐の側面積を求めなさい．

（2） 円錐の底面の円周上に点Pがあり，直線POと円錐の側面との交点をQとする．点Pが底面の円周上を一周するとき，点Qが動く長さを求めなさい． （07 帝京大高）

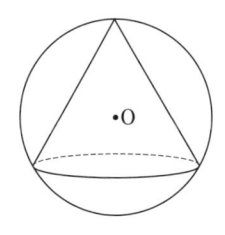

2. 角錐と球・円柱との交わり

このタイプでは，**どの平面を取り出すか**，が考え所です．'丸い立体'の軸と，'丸い立体'と角錐との交点(接している場合には接点)とを含む平面を取り出しましょう．

例題 10. 各辺の長さが 10 の正四角錐の内部に，正方形上に底面があり，さらに 4 つの側面に接するような円柱を作ります．
（1） 正四角錐の高さを求めなさい．
（2） 円柱の底面の半径が 2 のとき，円柱の体積を求めなさい．

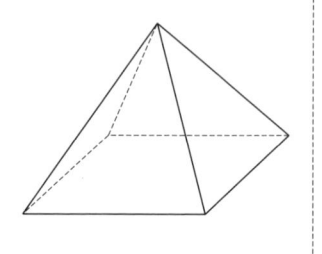

（09　東北学院）

平面を取り出すまでもないでしょうが，上の記述通りに，'接点'を含む平面上で考えてみます．

解（1） 右図で，△OAC≡△BAC
（三辺相等）であるから，OH＝BH＝$5\sqrt{2}$
（2） 円柱の上底面と四角錐の側面との接点(図の○)のうちの 2 つを，図のように P，Q とする．また，BC，AD の中点をそれぞれ M，N とする．P は OM 上，Q は ON 上にあって，

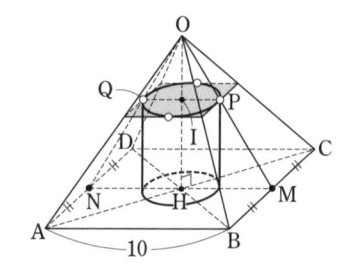

　　PQ：MN＝2×2：10＝2：5

∴　OI＝OH×$\dfrac{2}{5}$＝$5\sqrt{2}$×$\dfrac{2}{5}$＝$2\sqrt{2}$

よって，円柱の高さは，IH＝$5\sqrt{2}-2\sqrt{2}=3\sqrt{2}$
であるから，体積は，$2^2\pi \times 3\sqrt{2}=\mathbf{12\sqrt{2}\,\pi}$

Section ④ 立体の交わり

───練習問題［☞ p.65］───

9． 図1のような辺の長さがすべて6の正四角錐と，水をいっぱいまで満たした半球の容器があります．図2のように半球の容器に正四角錐を底面の4つの頂点が容器に接するまで沈めたところ，正四角錐の高さの $\frac{1}{2}$ が水に沈みました．ただし，正四角錐の底面と水面は平行になっています．

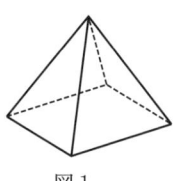

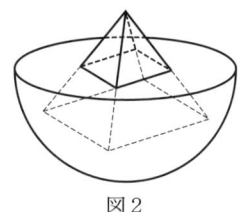

（1） 正四角錐の高さを求めなさい．
（2） あふれ出た水の体積を求めなさい．
（3） 半球の半径の長さを求めなさい． （07 富士見）

10． 図は，半径1の半球と正四面体 ABCD である．底面の円の中心を O とする．また，△BCD の頂点はすべて底面の円の上にある．

（1） BC の長さを求めなさい．
（2） AO の長さを求めなさい．
（3） 辺 AB と半球との交点を P とする．線分 AP の長さを求めなさい．
（4） 四面体 PBCD の体積を求めなさい．

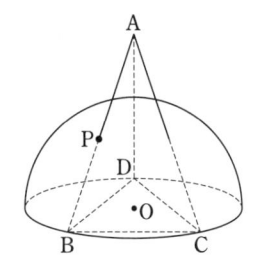

（10 淑徳巣鴨）

練習問題の解答

1. ［問題は，☞p.45］（1） 図形全体を真上から見た図を用います．
（2） 例題1と同様に'対称面'を取り出して，球の中心と切断面との距離 d をとらえます．

解 （1） 図形全体を真上から見ると，右上図のようになり，球 O は，正三角形 ABC の内接円に見える．

ここで，BC の中点を M とすると，△OBM は'30°定規形'であるから，球 O の半径は，

$$OM = BM \times \frac{1}{\sqrt{3}} = \frac{\sqrt{3}}{3} \quad \cdots\cdots\cdots\text{①}$$

（2） EF の中点を N とし，平面 ADNM（対称面）を取り出すと，右下図のようになる（L は GH の中点で，太線分 LN が平面 GHE の切り口）．

ここで，O から LN に下ろした垂線の足 I が球の切り口である円の中心であり，その半径は図の r である．

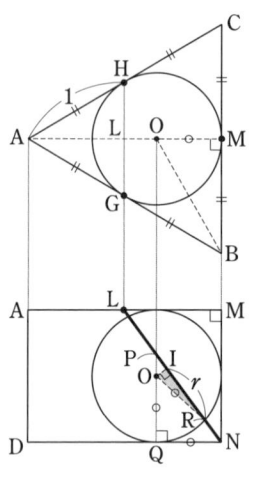

図のように，P，Q，R をとると，△LMN∽△NQP∽△OIP ……②

で，LM : MN = $\frac{\sqrt{3}}{2}$: ①×2＝3 : 4 より，②の3辺比は，3 : 4 : 5

よって，PQ = QN × $\frac{4}{3}$ = ① × $\frac{4}{3}$ = $\frac{4\sqrt{3}}{9}$ ……………………③

∴ OI = PO × $\frac{3}{5}$ = (③－①) × $\frac{3}{5}$ = $\frac{\sqrt{3}}{15}$ ……………④

したがって，求める面積は，$\pi r^2 = \pi(①^2 - ④^2) = \frac{8}{25}\pi$

2. [☞p.47] （3）では，'対称面' OAC 上で考えることになるので，（2）でも，同様の'対称面' を取り出してみます（p.46 の II の解法）．

解　（1）　△OAC≡△BAC（三辺相等）より，

$$OH = BH = \frac{AB}{\sqrt{2}} = \frac{\sqrt{3}+1}{\sqrt{2}} = \frac{\sqrt{6}+\sqrt{2}}{2} \quad \cdots ①$$

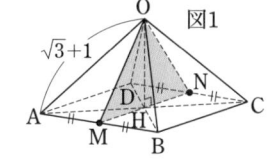

（2）　図1のように，辺 AB, CD の中点をそれぞれ M, N とし，面 OMN を取り出すと，図2のようになる．ここで，内接球の切り口（円 I）は，△OMN の内接円になっている．

角の二等分線の定理により，

OI : IH = MO : MH = $\sqrt{3}$: 1　であるから，

球の半径は，$① \times \dfrac{1}{\sqrt{3}+1} = \dfrac{\sqrt{2}}{2}$ …………②

　➡注　他に，相似や面積の利用などで，IH を求めることもできます．

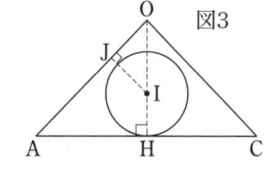

（3）　面 OAC を取り出すと，図3のようになる．ここで，△OIJ∽△OAH であり，OI = ① − ② = $\dfrac{\sqrt{6}}{2}$ …………③

であるから，求める最短距離は，IJ − ② = $\dfrac{③}{\sqrt{2}} - ② = \dfrac{\sqrt{3}-\sqrt{2}}{2}$

　➡注　最短距離が「IJ − ②」となることについては，☞p.101．

3. [☞p.49] （2）が，大きなヒントになっています．そこでは，例題3（2）の（i），（ii）と同様の流れがとれます．

解　（1）　△BCD は，1辺の長さが2の正三角形であるから，その中線 BM の長さは，$2 \times \dfrac{\sqrt{3}}{2} = \sqrt{3}$

（2）　図形全体は，平面 ABM …①　に関して対称であり，（1）と同様に，AM = $\sqrt{3}$ であるから，①は右図のようになる．ここで，△ABM は正三角形であり，OA = OB より，O は AB の垂直二等分線 NM 上にある（*）．

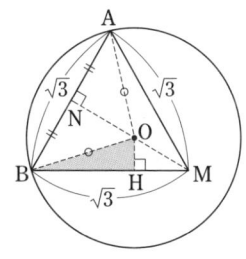

61

ところで，OB=OC=OD であるから，対称性により，H は正三角形 BCD の中心で，HM=CM×$\frac{1}{\sqrt{3}}$=$\frac{1}{\sqrt{3}}$ ……………②

（＊）より，△OHM は '30°定規形' であるから，OH=②×$\frac{1}{\sqrt{3}}$=$\frac{1}{3}$

（**3**） BH=CH=②×2=$\frac{2}{\sqrt{3}}$ より，

$$OB=\sqrt{BH^2+OH^2}=\sqrt{\left(\frac{2}{\sqrt{3}}\right)^2+\left(\frac{1}{3}\right)^2}=\frac{\sqrt{13}}{3}$$

4．[☞p.50] まず，底面 ABCD による球の切り口をとらえ，その上で，面 OAC を取り出します。

解 底面 ABCD による球の切り口は，ABCD の内接円であるから，その半径は 2 …① である．

すると，面 OAC による断面は，図1のようになる．ここで，P は球の中心，H は ABCD の対角線の交点である（①は，図の HI として現れる）．

△OPJ∽△OAH …（＊） より，
OP：PJ=OA：AH=6：$2\sqrt{2}$=3：$\sqrt{2}$

よって，球の半径を r とすると，OP=$\frac{3}{\sqrt{2}}r$

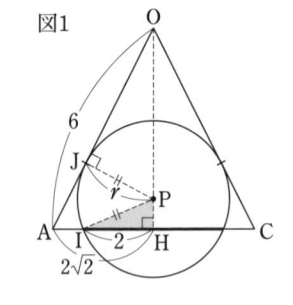

これと，OH=$\sqrt{6^2-(2\sqrt{2})^2}$=$2\sqrt{7}$ より，PH=$2\sqrt{7}-\frac{3}{\sqrt{2}}r$ …②

よって，△PIH において，$r^2=2^2+$②^2
整理して，$7r^2-12\sqrt{14}\,r+64=0$
解の公式により，

$$r=\frac{6\sqrt{14}\pm\sqrt{(6\sqrt{14})^2-7\times64}}{7}=\frac{6\sqrt{14}\pm2\sqrt{14}}{7}\quad\text{………③}$$

与えられた条件より，②>0．
③のうち，これを満たすのは，$r=\frac{4\sqrt{14}}{7}$

別解 辺 AD, BC の中点をそれぞれ M, N とする.
面 OAD による球の切り口は, △OAD の内接円(中心を Q, 半径を a とする)であるから, 図 2 のようになって, OQ：QM＝DO：DM＝3：1

∴ $a = \text{OM} \times \dfrac{1}{3+1} = 4\sqrt{2} \times \dfrac{1}{4} = \sqrt{2}$

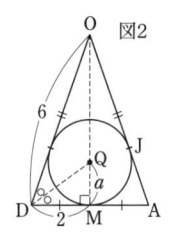

よって, 面 OMN による切り口は, 図 3 のようになる. ここで, △OPQ∽△OMH であるから,

$$\text{PQ} = \text{OQ} \times \dfrac{\text{MH}}{\text{OH}} = 3\sqrt{2} \times \dfrac{1}{\sqrt{7}} = \dfrac{3\sqrt{2}}{\sqrt{7}} \quad \cdots\cdots ④$$

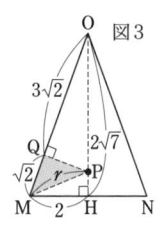

このとき, △PQM において,

$$r = \sqrt{(\sqrt{2})^2 + ④^2} = \sqrt{\dfrac{32}{7}} = \dfrac{4\sqrt{14}}{7}$$

➡ **注** 図 1 の接点 J は, 図 2 にも現れています. ここで, AJ＝AM＝2 ですから, OJ＝6－2＝4 ……⑤
すると再び図 1 において, （＊）より,

PJ：OJ＝AH：OH

∴ $r :⑤ = 2\sqrt{2} : 2\sqrt{7} = \sqrt{2} : \sqrt{7}$ ∴ $r = \dfrac{4\sqrt{2}}{\sqrt{7}} = \dfrac{4\sqrt{14}}{7}$

5. [☞p.53] 展開図のおうぎ形の中心角に焦点を当てます.

解 （1） 展開図のおうぎ形の半径(円錐 A, B の母線の長さ)を l とすると, 中心角は, $A ; 360° \times \dfrac{2}{l}$ ……①, $B ; 360° \times \dfrac{3}{l}$ ……②

①＋②＝360° より, $\dfrac{5}{l} = 1$ ∴ $l = 5$

このとき, ①＝$360° \times \dfrac{2}{5} = \mathbf{144°}$

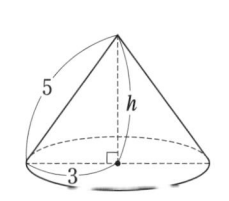

（2） （1）より, 円錐 B は右図のようになって, 高さ h は, $h = \sqrt{5^2 - 3^2} = 4$

よって, 体積は, $\dfrac{1}{3} \times 3^2 \pi \times 4 = \mathbf{12\pi}$

6. [☞p.54] （2）△ABP は，AB＝AP＝8 の二等辺三角形です．まず，このことに注目しましょう．

解 （1）底面の半径を r，高さを h とおくと，
$\pi r^2 = 12\pi$ より，$r^2 = 12$　∴　$r = 2\sqrt{3}$ ……①
このとき，$h = \sqrt{8^2 - r^2} = 2\sqrt{13}$
よって，体積は，
$$\frac{1}{3} \times 12\pi \times 2\sqrt{13} = 8\sqrt{13}\,\pi$$

（2）△ABP は，AB＝AP＝8 の二等辺三角形であり，BP は $0 \sim 2r(=2\times① = 4\sqrt{3}\,)$ の間を動く(☞図1)．

このとき，図2で，$(4\sqrt{3}\,)^2 = 48 < 8^2$ より，$4\sqrt{3} < 8$ であるから，$a < 60°$（☞注）

よって，△ABP＝$\frac{1}{2} \times$ AB $\times$ PH＝4PH ……②

が最大となるのは，P＝P₀ のときであり，最大値は，　△ABP₀＝$\frac{1}{2} \times 2r \times h = \frac{1}{2} \times 4\sqrt{3} \times 2\sqrt{13} = \mathbf{4\sqrt{39}}$

➡注　最大値は，図1において計算しています．
なお，$a > 90°$ の場合は，∠BAP＝90° のときに②は最大となるので，「$a < 90°$」の確認が必要です．

7. [☞p.55] O，P，Q を通り BC に平行な直線を引いてみると，底面が'ひし形'の四角柱が現れます．これを元に考えていきましょう．

解 （1）上底面の中心を O′ とすると，
PO＝PA のとき，斜辺と他の一辺相等により，
△PO′O≡△PBA　∴　PO′＝PB
よって，△O′PB は正三角形であるから，
$$\stackrel{\frown}{BP} = 2\pi \times 1 \times \frac{60}{360} = \frac{\pi}{3}$$

（2）$\stackrel{\frown}{BP} = \stackrel{\frown}{CQ}$ のとき，BP＝CQ．よって，下底面の中心を O″ とすると，△O″CQ も正三角形である．
このとき，▱PAQO はひし形であり，

64

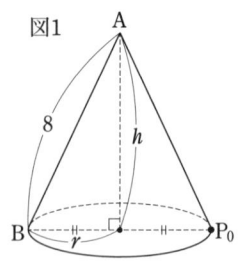

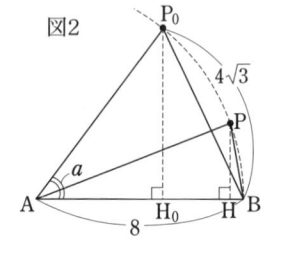

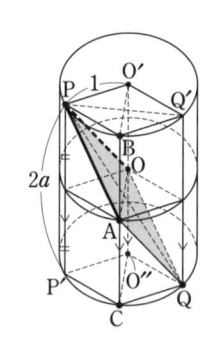

$$PQ = \sqrt{PQ'^2 + Q'Q^2} = \sqrt{(\sqrt{3})^2 + (2a)^2} = \sqrt{4a^2+3} \quad \cdots\cdots ①$$

であるから，$S = \dfrac{OA \times PQ}{2} = \dfrac{1 \times ①}{2} = \dfrac{\sqrt{4a^2+3}}{2} \quad \cdots\cdots ②$

（3）②＝1のとき，$\sqrt{4a^2+3} = 2$　∴　$4a^2+3 = 4$

∴　$a^2 = \dfrac{1}{4}$　$a > 0$ より，$\boldsymbol{a = \dfrac{1}{2}}$

8. ［☞p.57］（2） Pが底面の円周上を1周するとき，Qも円周上を1周します．

解　（1）円錐の軸を含む平面での切り口は右図のようになって，ここで，OB：OM＝2：1より，△OBM は '30°定規形' であるから，$r = 3\sqrt{3}$．このとき，△ABM も '30°定規形' であるから，$l = 6\sqrt{3}$．

よって，円錐の側面積は，$\pi \times l \times r = \boldsymbol{54\pi} \cdots ①$

➡注　①の左辺については，☞p.52.

（2）P＝BのときQ＝Q_0 とすると，図のようになって，ここで△ABC は正三角形であるから，Q_0 は AC の中点である．

よって，Pが底面の円周上を1周するとき，Qは AM の中点 N を中心とする円周上を1周し，その半径は，$NQ_0 = \dfrac{MC}{2} = \dfrac{3\sqrt{3}}{2} \quad \cdots\cdots ②$

したがって，求める長さは，$2\pi \times ② = \boldsymbol{3\sqrt{3}\,\pi}$

9. ［☞p.59］定石通り，'半球の中心' と，'半球と正四角錐との接点' を含む平面を取り出します．

解　（1）図3で，△ABD≡△CBD　…①
（三辺相等）であるから，正四角錐の高さは，

$$AH = CH = \dfrac{BC}{\sqrt{2}} = 3\sqrt{2} \quad \cdots\cdots ②$$

（2）図3で，●を各辺の中点とすると，網目部分（四角錐台）の体積を求めればよい．

∴　$A\text{-}BCDE \times \left\{1^3 - \left(\dfrac{1}{2}\right)^3\right\} = \left(\dfrac{1}{3} \times 6^2 \times ②\right) \times \dfrac{7}{8} = \boldsymbol{\dfrac{63\sqrt{2}}{2}}$

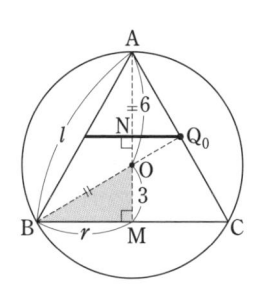

65

（**3**） 図2を，平面 ABD で切った切り口は，図4のようになる(半球の中心 O は，AH の中点)．

ここで，OH：BH＝1：2（なぜなら，①）より，求める半径は，

$$OB = OH \times \sqrt{5} = \frac{②}{2} \times \sqrt{5} = \frac{3\sqrt{10}}{2}$$

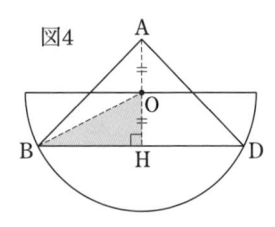

図4

10. [☞p.59]（**3**） 平面OABを取り出します．その後，解法はいろいろ考えられます．

解（**1**） △OBC は，頂角が120°（底角が30°）の二等辺三角形であるから，BC＝OB×√3 ＝1×√3 ＝√3 ……………………………………①

➡**注** については，☞p.143．

（**2**） $AO = \sqrt{①^2 - 1^2} = \sqrt{2}$

（**3**） 平面 OAB を取り出すと，右図のようになる．

図のように H を定めると，△AHO∽△AOB より，

$$AH = AO \times \frac{\sqrt{2}}{\sqrt{3}} = \frac{2\sqrt{3}}{3} \quad \cdots\cdots\cdots②$$

よって，AP＝x とすると，

$$AH = \frac{x+\sqrt{3}}{2} = ② \quad \therefore \quad x = \frac{\sqrt{3}}{3} \quad \cdots\cdots③$$

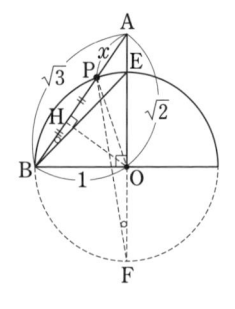

➡**注** ②より，H は AB の3等分点です．すると，P がもう1つの3等分点と分かり，これからも③が得られます（なお，～～については，「H は PB の中点だから，AH は AP と AB の平均」と理解してもよいし，
「AH＝AP＋PH＝x＋$(\sqrt{3}-x)/2$＝…」として求めても構いません）．

別解 図のように円 O を完成させ，点 E, F をとると，
△ABE∽△AFP（二角相等）より，AB：AE＝AF：AP
∴ $\sqrt{3} : (\sqrt{2} - 1) = (\sqrt{2} + 1) : x$ ∴ $\sqrt{3}x = 1$ ∴ $x = \frac{\sqrt{3}}{3}$

（**4**） $P\text{-}BCD = A\text{-}BCD \times \frac{PB}{AB} = \frac{\sqrt{2}}{12} \times ①^3 \times \frac{2}{3} = \frac{\sqrt{6}}{6}$

➡**注** については，☞p.17．

第2部　応用編

解説 …………………… p.68～108
練習問題の解答 ……… p.109～126

　ここでは，第1部での基盤整備を踏まえて，入試問題を十分こなせるだけの応用力の養成を目指します．
　応用力が必要とされる問題を，入試によく現れる重要テーマごとに分類して，解説していきます．
　当然，難問も少なからず含まれますが，臆することなく挑戦して，立体図形の学習の完成をはかりましょう．

◆Section ① 正多面体の埋め込み

　正多面体とは，「すべての面が合同な正多角形で，どの頂点にも面が同じ数だけ集まっている多面体」です．正多面体には，右図の 5 種類があることが知られています．

　そして，異なる種類の正多面体の一方の中に他方が'埋め込まれる'という関係がいろいろと見られます．すでに，'立方体(正六面体)の中に正四面体が埋め込まれる…①'という最も頻出の関係は解説しましたが (☞ p.16)，ここでは，それ以外のいくつかの例を見て行くことにします．

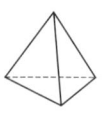

正四面体 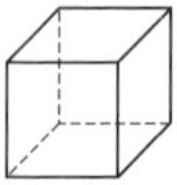　　正六面体（立方体）

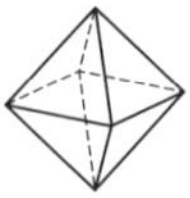

正八面体 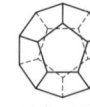　　正十二面体

正二十面体

1. 正四面体と正八面体

　上記の①の例に次いでよく見かけるのは，'正四面体に埋め込まれる正八面体'という構図です．

例題 1. 右図は，正四面体 O-ABC の各辺の中点を図のように結んで作った正八面体 LMNPQR である．OA＝2 とするとき，
(1) 正八面体 LMNPQR の体積 V を求めなさい．
(2) 正八面体 LMNPQR を △PQR に平行な平面で切ったときの切り口の周の長さ l を求めなさい．

（09　日本女子大付）

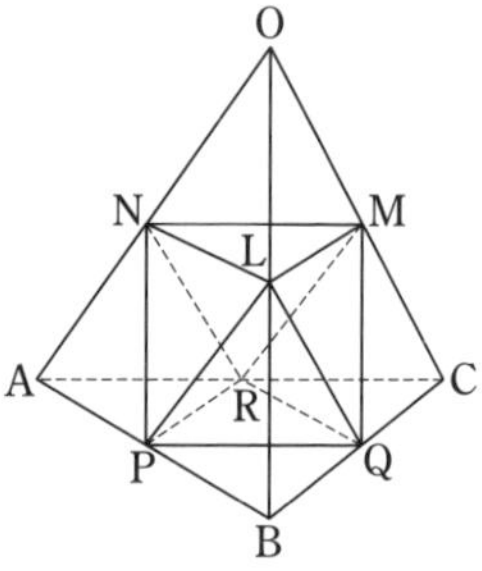

---

(2)　△PQR から切断面までの高さが明記されていません．ということは，高さに関係なく一定値 (△PQR の周の長さの 3) になるのでしょう．

68

Section 1　正多面体の埋め込み

解　（1）　正四面体 OABC の体積を W とすると，正四面体 ONLM などの体積は，
$W \times \left(\dfrac{1}{2}\right)^3 = \dfrac{1}{8}W$　であるから，
$V = W - \dfrac{1}{8}W \times 4 = \dfrac{1}{2}W = \dfrac{1}{2} \times \left(\dfrac{\sqrt{2}}{12} \times 2^3\right)$
$= \dfrac{\sqrt{2}}{3}$

➡注　1辺の長さが a の正四面体の，
　　高さは，$\dfrac{\sqrt{6}}{3}a$ …①，体積は，$\dfrac{\sqrt{2}}{12}a^3$
です（☞p.17）．

（2）　切断面を図1の網目部（$1 < x < 2$）とすると，正八面体の切り口の周は，図2の太線部のようになる．ここで，
$y = x - 2(x - 1) = 2 - x$
$\therefore\ l = \{(x-1) + y\} \times 3 = 1 \times 3 = \mathbf{3}$

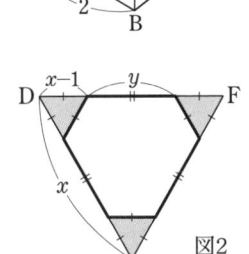

■研究　一般に，1辺の長さが a の正八面体は，1辺の長さが $2a$ の正四面体に，本問のようにして埋め込まれます．すると，この正八面体の平行な2面（本問の場合は，LMN と PQR）間の距離は，1辺の長さが a の正四面体の高さと同じ（上記の①）と分かります．

2. 正六面体と正八面体

これらの間では，互いに '埋め込み' の関係が作れます（以下の例題＆練習問題のように）．

例題 2. 1辺の長さが 4 の立方体の，各面における対角線の交点を頂点とする立体をつくります．
（1）　この立体の名前を答えなさい．
（2）　この立体の体積を求めなさい．
（3）　この立体の表面積を求めなさい．　　　　　（08　岡山）

69

（1） 少し厳密に解答してみます．
（2） 正四角錐の2倍と見ます．

解 （1） 立体の6個の頂点を，右図のようにA～Fとする．

A～Dは，立方体の辺の中点を結んでできる正方形の各辺の中点であるから，□ABCDは，1辺の長さが$2\sqrt{2}$の正方形である．□AFCE，□BFDEも同様であるから，立体の12本の辺の長さはすべて$2\sqrt{2}$である．

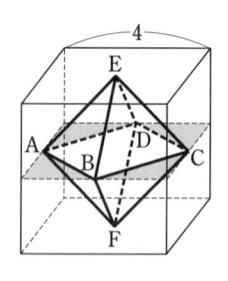

さらに，各頂点A～Fに集まる面の数はすべて4個であるから，立体は正多面体で，答えは，**正八面体**．

（2） 立体の体積は，E-ABCD×2 $=\left\{\dfrac{1}{3}\times(2\sqrt{2})^2\times 2\right\}\times 2=\dfrac{\mathbf{32}}{\mathbf{3}}$

（3） 立体の表面積は，$\left\{\dfrac{\sqrt{3}}{4}\times(2\sqrt{2})^2\right\}\times 8=\mathbf{16\sqrt{3}}$

練習問題 [解答は，☞ p.109]

1. 1辺の長さが1の正八面体ABCDEFがある．各辺AB，AC，AD，AE，FB，FC，FD，FE上にそれぞれ点P，Q，R，S，T，U，V，Wを

$$\dfrac{AP}{BP}=\dfrac{AQ}{CQ}=\dfrac{AR}{DR}=\dfrac{AS}{ES}$$
$$=\dfrac{FT}{BT}=\dfrac{FU}{CU}=\dfrac{FV}{DV}=\dfrac{FW}{EW}$$

をみたすようにとると，四角柱PQRS-TUVWは立方体になった．
（1） AFの長さを求めなさい．
（2） AP：PBを求めなさい．
（3） 立方体の体積をX，正八面体ABCDEFの体積をYとおくとき，$\dfrac{X}{Y}$の値を求めなさい．

（06　白陵）

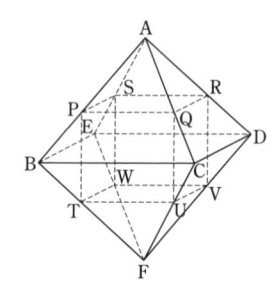

◇Section ② 角柱・角錐と動点

　立体の表面や内部を点が動き，それにつれて，線分の長さ・面積・体積などが変化して行く，というタイプの問題があります．そこでのテーマには，'図形量がある値になるときの時間' や '図形量の最大値・最小値' など，様々なバリエーションが見られます．

1. 線分・三角形が動く

　最も典型的なのは，次の例題のように，'線分が動いてできる平面図形の面積' や '平面図形が動いてできる立体図形の体積' を求めるものです．

例題 3. AB=AE=6，AD=4 の直方体 ABCD-EFGH がある．点 P は辺 AB 上を動くものとし，線分 PF, PG の中点をそれぞれ Q, R とする．
（1） 線分 QR が動いてできる図形の面積を求めなさい．
（2） △PFG が動いてできる立体の体積を求めなさい． 　　　（12 滝）

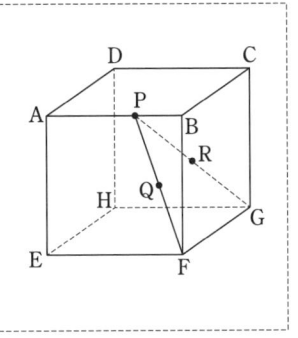

（1） 線分 QR の動きは，"中点連結定理" によりとらえられます．

解　（1） 中点連結定理により，

　　QR // FG ……①，QR = $\dfrac{FG}{2}$ = 2 ……②

また，P が A→B と動くとき，Q は $Q_1→Q_2$（Q_1 は AF の中点，Q_2 は BF の中点）と動き，R は $R_1→R_2$（R_1 は AG の中点，R_2 は BG の中点)と動く．

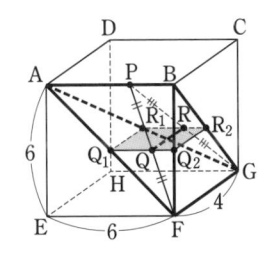

71

①，②と同様に，

$$Q_1Q_2(/\!/ R_1R_2)/\!/ AB \cdots\cdots ③, \quad Q_1Q_2(=R_1R_2)=\frac{AB}{2}=3 \cdots\cdots ④$$

であるから，求める部分（図の網目部）の面積は，②×④=**6**

➡**注** ①，③と，FG(//BC)⊥AB より，$Q_1R_1 \perp Q_1Q_2$
よって，網目部は'長方形'です．

（2） △PFG は，△AFG→△BFG と動くから，△PFG が動いてできる立体は，三角錐 A-BFG であり，その体積は，

$$\frac{1}{3}\times \triangle BFG \times AB = \frac{1}{3}\times \frac{6\times 4}{2}\times 6 = \mathbf{24}$$

2. 時間の関数としての体積

点の動きに伴って変化する面積や体積などのグラフを利用して，ある値をとるときの時間を求めさせる，というタイプもよく出題されます．

例題 4. 右に示した四角錐 LABCD は，∠LAB=∠LAD=90°，LA=6 で，底面 ABCD は AB=8，BC=6 の長方形である．また，点 E，F，G，H，I，J，K は，それぞれ線分 AB，BC，CD，DA，LD，LC，LB の中点とする．

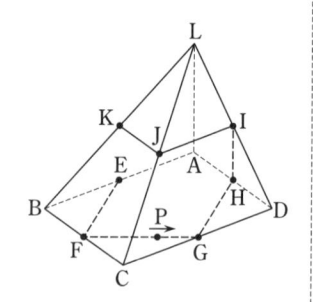

いま，動点 P が，折れ線 EFGHIJK 上を E→F→G→H→I→J→K の順に，毎秒 1 の速さで動くとする．動点 P が点 E を出発して t 秒後の三角錐 LABP の体積を V とする．

（1） V を t の関数として，そのグラフをかきなさい．
（2） $V=16$ となるのは，何秒後と何秒後ですか．　　（08　金沢大付）

点 P から △LAB までの'高さ'は，P が E→F→G→H と動くときは一定の割合で増加・減少し，H→I→J と動くときは（△HIJ // △LAB より）一定値で，J→K と動くときは一定の割合で減少します．

解 （1） 三角錐 LABP の底面を △LAB を見て，頂点 P からの高さを h とすると，$V=\frac{1}{3}\times \triangle LAB \times h = \frac{1}{3}\times \frac{8\times 6}{2}\times h = 8h$ ……①

Section ② 角柱・角錐と動点

また，右図の網目の直角三角形はすべて合同で，EF=FG=GH=5であり，さらに，中点連結定理により，IH=3, IJ=4, JK=3である．

1° P が E→F→G と動くとき($0 \leq t \leq 10$)，h は，0→6 と一定の割合で増加する．

2° P が G→H と動くとき($10 \leq t \leq 15$)，h は，6→3 と一定の割合で減少する．

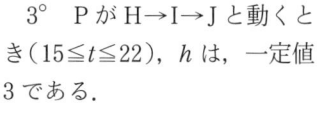

3° P が H→I→J と動くとき($15 \leq t \leq 22$)，h は，一定値 3 である．

4° P が J→K と動くとき($22 \leq t \leq 25$)，h は，3→0 と一定の割合で減少する．

以上と①より，グラフは図1の太線のようになる．

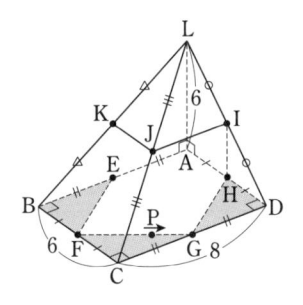

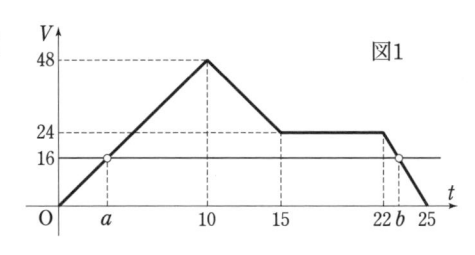

図1

(2) 図1のように a, b とおくと，$a : 16 = 10 : 48$ より，$a = \dfrac{10}{3}$ (秒後)

$(25-b) : 16 = (25-22) : 24 = 1 : 8$ より，$b = \mathbf{23}$ (秒後)

───── 練習問題 [☞ p.110] ─────

2★ AB=4, AD=2, AE=2 の直方体 ABCD-EFGH がある．点 P は点 A を出発し，毎秒 1 の速さで辺 AB, BC を進み点 C まで，点 Q は点 B を出発し，毎秒 1 の速さで辺 BF, FG, GC を進み点 C まで動く．出発してから x 秒後の四面体 APQD の体積を y とするとき，次の問に答えなさい．ただし，$0 \leq x \leq 6$ とする．

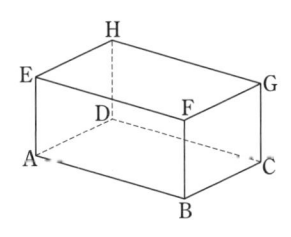

(1) y を x の式で表し，グラフをかきなさい．

(2) $y=1$ となる x の値を全て求めなさい．

(3) $x=3$ のとき，点 D から平面 APQ におろした垂線の長さを求めなさい．

(09 ラ・サール)

73

3. 一定の傾きで登る

次は，「動点が，直方体の側面上を'一定の傾き(勾配)'で登って行く」という，ちょっと風変わりなタイプです．ここで'一定の傾き(勾配)'というのは，要するに'側面の展開図上では一直線になるように'登るということです．

> **例題 5★** 右図のような，側面に傾き一定の経路（A—B—C—D— ）のついた直方体がある．2点 P，Q がそれぞれ点 A，点 C から同時に出発し同じ速さで経路上を上に向かって進んでいくとき，次の問いに答えなさい．
> （1） 出発時の PQ 間の距離を求めなさい．
> （2） P が AB の中点にきたときの PQ 間の距離を求めなさい．
> （3） PQ 間の最短距離を求めなさい．　　（06　大阪教大付天王寺）

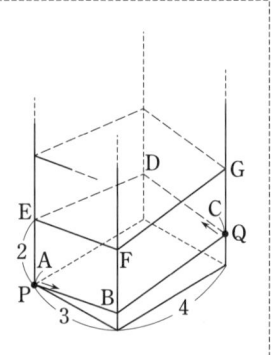

空間での 2 点 P，Q 間の距離は，線分 PQ を対角線とする直方体をイメージして，PQ$=\sqrt{a^2+b^2+c^2}$ として求めるのが基本です（☞p.8）．

本問の（3）では，この基本の着眼が大いに功を奏します．

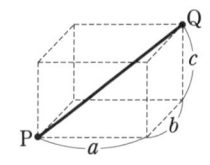

解　（1） 経路の傾きが一定であることから，側面の展開図上で，経路は図 1 の太線のようになる．

よって，CC$'=\dfrac{EE'}{2}=1$ であるから，求める距離は，$\sqrt{3^2+4^2+1^2}=\sqrt{26}$

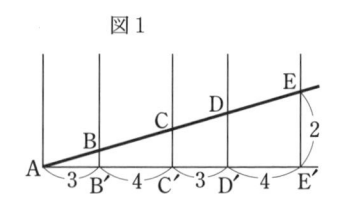

（2） P，Q の速さが等しいことから，図 1 上での PQ の長さは常に AC に等しく，よって P と Q の底面からの高さの差は常に CC$'=1$ に等しい．

P が AB の中点にあるとき，Q は CD の中点にあるから，このときの求める距離は，$\sqrt{0^2+4^2+1^2}=\sqrt{17}$ ……………………………①

Section ② 角柱・角錐と動点

（3） 右図は，直方体を真上から見た図である（○は各辺の中点）．

このとき，（2）より，PQ=$\sqrt{P'Q'^2+1^2}$ …②

よって，P が AB 上（Q が CD 上）を動くときの②の最小値は①であり，P が BC 上（Q が DE 上）を動くときの②の最小値は，

$\sqrt{3^2+1^2}=\sqrt{10}$ …③　である．

それ以降は，以上の位置関係を繰り返すから，答えは③である．

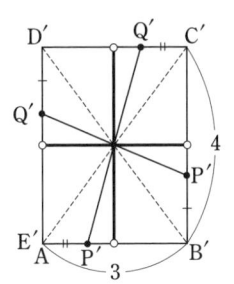

―――練習問題［☞ p.111］―――

3★ 右図のように，正四角柱 EFGH-ABCD と辺 FB 上の点 M がある．底面 ABCD は 1 辺の長さが 3 の正方形で，EA=10 である．点 P は，点 A を出発して，側面 EABF 上で線分 AM 上を点 M に向かって移動し，さらに　側面 FBCG ―→ 側面 GCDH ―→ 側面 HDAE ―→ 側面 EABF ―→ … の順に勾配が等しい線分上を移動して，上面の正方形 EFGH の周上に到達したときにそこで止まるものとする．点 P が停止した位置を点 Q とする．

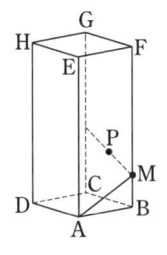

ここで，正方形 EFGH の周に沿って点 E から点 Q まで，点 E ―→ 点 F ―→ … ―→ 点 Q を計った長さを l（$0 \leq l < 12$）とする．BM=t（$0 < t < 10$）とするとき，次の各問いに答えなさい．

（1）　$t=3$ のとき，l の値を求めなさい．

（2）　$l=2$ となる t の値の中で，最も大きい値を求めなさい．

（3）　$\dfrac{4}{5}<t<10$ のとき，$l=10$ となる t の値をすべて求めなさい．

（08　東京学芸大付）

◇Section ③ 正体不明の立体

　立体の概形は大体分かるものの，どう求積したらよいのかがピンとこない場合があります．そしてそれ以前に，概形そのものがつかみにくい場合は，解答がほとんど進められないことになります．
　ここでは，そのような，体積を求めるなどの目標の前段階で考えこんでしまうような立体たちを扱います．

1．展開図で与えられた立体

　概形がつかみにくい場合の典型例は，立体が展開図として与えられた場合です．

例題 6. 図1は六面体の展開図で，1辺の長さが1の正三角形が2面，1辺の長さが1で内角の1つが60°であるひし形が2面，3辺が1で1辺が2の等脚台形が2面，合計6面である．図2は，この展開図を組み立ててできる六面体の見取り図の一部で3面だけ描いたものである．
（1）図2に残りの3面を追加して，見取り図を完成させなさい．その際，3頂点 D，F，G を書き入れること．
（2）この六面体の体積を求めなさい． （11　久留米大付）

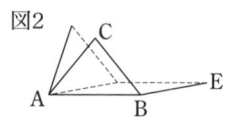

（1）　まず，図1のあいている頂点を埋めてから，底面を定めましょう．
（2）　（1）の大きなヒントを活かして，立体の欠けている部分を補い，求積しやすい立体に結び付けます．

Section ③　正体不明の立体

解　(1) 図1のあいている頂点は，図1'の○印のようになり，図2の底面は，網目部である．

すると，完成させた見取り図は，図2'の太線部のようになる．

(2) 1辺の長さが2の正四面体 D-EST から，1辺の長さが1の正四面体 G-FSA，C-BAT を取り除くことによって，図2'の六面体が得られるから，求める体積は，

$$\frac{\sqrt{2}}{12} \times 2^3 - \left(\frac{\sqrt{2}}{12} \times 1^3\right) \times 2 = \frac{\sqrt{2}}{2}$$

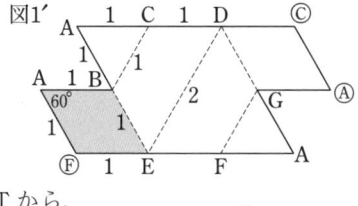

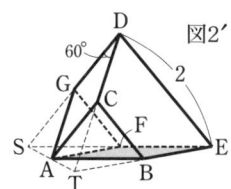

＊　　　　　＊

この例題のように，展開図などで与えられた'正体不明の立体'は，ある有名な立体（立方体，正四面体，…）から一部分を取り除いてできる図形であることが多く，そのことに気付けるかどうかが，求積の際の大きなポイントになります．

このことを念頭において，次の練習問題に挑戦してみましょう．

――――練習問題 [☞p.112]――――

4★　図1，図2は，それぞれすべての辺の長さが等しい立体の展開図である．

(1)(i) 図1で点Vと重なる点をすべて求めなさい．

(ii) 図1の各辺の長さが4であるとき，立体の3点 G，J，M を結んでできる三角形 GJM の面積，および立体の2点 G，L を結んだ線分 GL の長さを求めなさい．

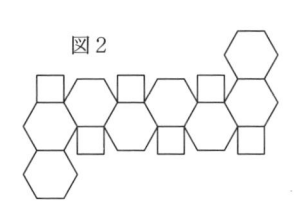

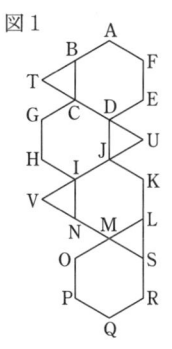

（11　早稲田実業）

(2)(i) 図2を組み立てた立体の頂点の個数を求めなさい．

(ii) 図2の各辺の長さが1であるとき，組み立てた立体の体積を求めなさい．

（08　海城）

77

2. 何面体であるか？

多面体の図形において，面の数が何個か不明のケースがあります．これも，全体の形がはっきりとは分からない，厄介なタイプです．

> **例題** 7. 各辺の長さが 4 であるひし形 ABCD がある．このひし形を含む平面に垂直に，線分 AE，CF をとる．ただし，E，F はこの平面について同じ側にとるとし，AE=$4\sqrt{2}$，CF=$6\sqrt{2}$，EF=6 である．このとき，次の多面体 M を考える．
>
> 多面体 M：ひし形 ABCD の 4 辺および線分 AE，BE，BF，CF，
> 　　　　　DE，DF，EF を辺とする多面体
> (1) 多面体 M に面は何個ありますか．
> (2) ひし形 ABCD の対角線 AC の長さを求めなさい．
> (3) 多面体 M の体積を求めなさい．　　　　　　　　　　（11　白陵）

(1) 多面体 M の概形を書いてみましょう．
(2), (3) 多面体 M が面対称な図形であることに着目します．

解　(1) 与えられた条件より，M の概形は右図のようになるから，面の数は，**7 個**．
(2) 図のように H をとると，□EACH は長方形であるから，EH=AC
　ここで，EH=$\sqrt{EF^2-FH^2}$
$$=\sqrt{6^2-(2\sqrt{2})^2}=2\sqrt{7} \quad \cdots\cdots ①$$
(3) M は，面 EACF に関して対称であるから，その体積は，四角錐 B-EACF×2　……②
　ここで，ひし形の対角線の交点を O とすると，
$$BO=\sqrt{4^2-\left(\frac{①}{2}\right)^2}=3 \quad \cdots\cdots\cdots\cdots\cdots\cdots ③$$
∴　② = $\left\{\dfrac{1}{3}\times\dfrac{(4\sqrt{2}+6\sqrt{2})\times①}{2}\times③\right\}\times 2=10\sqrt{14}\times 2=\mathbf{20\sqrt{14}}$

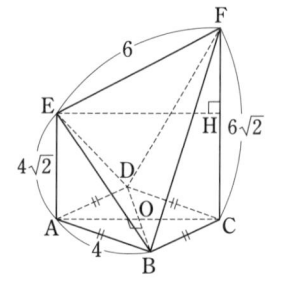

Section ③ 正体不明の立体

──────練習問題 [☞p.113]──────

5★ 図は1辺の長さ2の立方体の上面に高さ1の正四角錐を貼りつけた立体である．

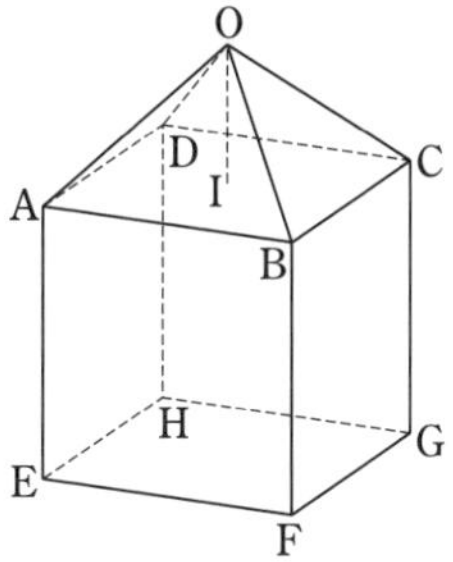

(1) Oから面ABCDに下ろした垂線の足をI，ABの中点をMとする．このとき∠OMIの角度を求めなさい．

(2) 立方体の他の五面にも同様に四角錐を貼りつけるとできあがる立体は何面体か．

(3) 辺AE上に点PをAP=h（$0<h<1$）になるようにとる．(2)の立体を点Pを通り面ABCDに平行な平面で切断する．切断面の面積をhで表しなさい．

(4) (2)の立体を，OIを軸として1回転させてできた図形を，(3)と同じ平面で切断する．切断面の面積が3πであるとき，hの値を求めなさい．

(11 昭和学院秀英)

──────────────────────
[コラム①／正四角錐に正四面体を貼り付ける]

　上の練習問題の(2)は，「立方体に正四角錐を貼り付けると何面体が出来上がるか」というテーマでしたが，それと似たタイプの問題が大学入試で出題されたことがあります．

　『辺の長さがすべてaの正四角錐と正四面体が与えられている．正四角錐の頂点をO，底面をABCDとする．正四面体を，その1つの面が正四角錐の側面OABに外側からぴったり重なるようにおき，正四面体の残りの頂点をEとする．このとき，点O，A，B，C，D，Eを頂点とする多面体をPとする．

　多面体Pは，l個の三角形とm個の四角形に囲まれたn面体となっている．このl，m，nを求めなさい．』

　大ざっぱに図を書いてみると，右のようになりますね．すると，$l=6$，$m=1$，$n=7$になりそうです…が，これは違っているのです！

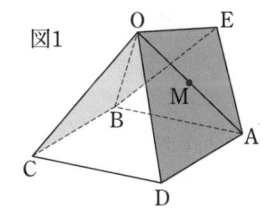

　興味のある人は，パズルのつもりで少し考えてみて下さい(答えは，☞p.108)．

図1

◆Section 4 折れ線の長さの最小

'折れ線'の長さの最小問題は，平面図形で頻出ですが，立体図形においてもしばしば見られます．

平面図形の場合に一番基本的なのは図1のような問題ですが，ここでは，

> Aのlに関する対称点A'をとって，折れ線を一直線に帰着させる

のが定石でした．これは，立体図形においても変わりません．

立体図形でのこのタイプの問題は，動点Pが直線上を動く場合と平面上を動く場合に大別されます．

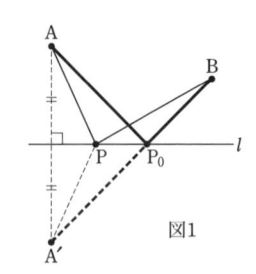

図1

A，Bは定点，
Pはl上の動点．
（AP+PBは，
 P=P$_0$のとき最小）

1. 動点Pが直線上を動く

立体図形では，平面図形での図1とは違って，2定点と，動点が動く直線とが**同一平面上にあるとは限らない**ので，工夫が必要になります．

例題 8. 右の図で，立体ABCD-EFGHは
AB=4，AD=4，AE=3の直方体である．
　線分AF上に点Pをとり，点Eと点P，点Gと点Pをそれぞれ結ぶ．線分の長さの和EP+PGがもっとも短くなるとき，線分の長さの和EP+PGを求めなさい．

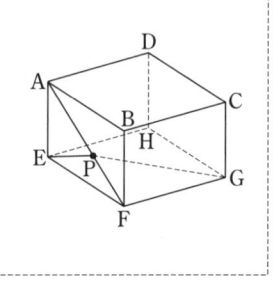

（07　都立新宿）

EPとPGを同一平面上におくために，'展開図'を利用します（直方体そのものの展開図ではありませんが…）．

80

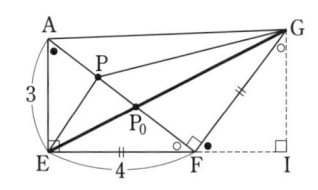

Section ④ 折れ線の長さの最小

解 右図のように，△AEF と△AFG を同一平面上に描き，ここで，EG と AF との交点を P_0 とすると，

$EP+PG \geqq EP_0+P_0G=EG$ ……①

（等号は，$P=P_0$ のときに成り立つ．）

ところで，図のように，△FIG∽△AEF で，これらの3辺比は3:4:5であるから，

$$GI=FG \times \frac{4}{5}=4 \times \frac{4}{5}=\frac{16}{5} \cdots\cdots ②, \quad FI=FG \times \frac{3}{5}=\frac{12}{5} \cdots\cdots ③$$

このとき，GI：EI＝②：(4＋③)＝1：2であるから，△EIG の3辺比は$1:2:\sqrt{5}$ ∴ $①=② \times \sqrt{5} = \frac{16\sqrt{5}}{5}$

──── 練習問題 [☞ p.114] ────

6★ AB＝3, BC＝5, BF＝4 である直方体 ABCD-EFGH がある．
(1) 対角線 BH の長さを求めなさい．
(2) 辺 BC 上に点 P を AP＋PH が最小となるようにとるとき，AP＋PH の値を求めなさい． 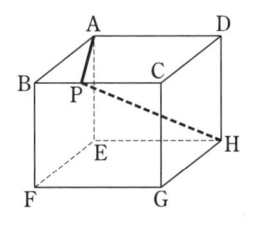
(3) (2)のとき，直方体 ABCD-EFGH を3点 A, P, H を通る平面で2つに分けるとき，点 C を含む立体の体積を求めなさい．

（11　愛光）

2. 動点 P が平面上を動く

例題 9. 図は1辺の長さが1の立方体です．面 EFGH 上に点 P をとり，辺 CG の中点を Q とします．
AP＋PQ の最小値を求めなさい．

（09　中大杉並）

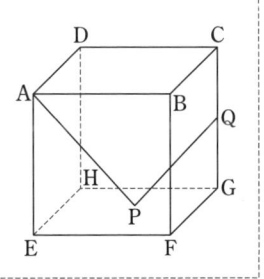

81

2次元の場合と同様に，動点Pが動く平面EFGHに関する，定点A(or Q)の対称点をとります.

解 平面EFGHに関するQの対称点をQ′とすると，AP+PQ=AP+PQ′≧AQ′ ………①
ここで，等号が成立するのは，Pが図のP₀のときである．

よって，求める最小値は，

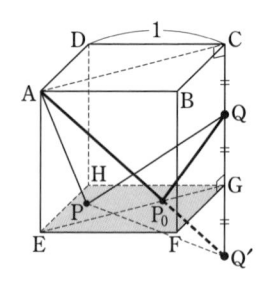

$$① = \sqrt{AC^2 + CQ'^2} = \sqrt{(\sqrt{2})^2 + \left(\frac{3}{2}\right)^2} = \frac{\sqrt{17}}{2}$$

* *

このように，動点Pが平面上を動く場合は，その平面に関する定点Qの対称点Q′をとって，それともう一方の定点Aを結べば，平面上に交点P₀ができるので，「動点Pが直線上を動く」場合よりもむしろ明快に議論できます．

───**練習問題** [☞ p.115]────

7★ ABCD-EFGH は1辺の長さが2の立方体で，Rは線分DCの中点である．

(1) 正方形EFGH上に点Pをとる(図1)．このとき，線分の和 AP+PR の最小値を求めなさい．

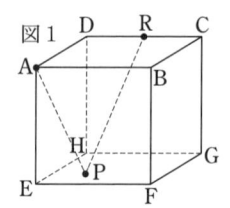

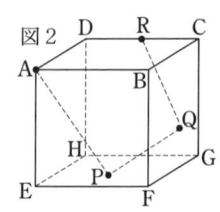

(2) 正方形EFGH，BFGC上にそれぞれ点P，Qをとる(図2)．このとき，線分の和 AP+PQ+QR の最小値を求めなさい．

(07 聖望学園)

◆Section 5 糸を巻く

立体図形の表面上に糸などを巻きつけ，その長さを最短にする(or 表面上に最短経路を作る)場合が，よく問題にされます．このタイプでは，

展開図上で，スタートとゴールを直線で結ぶ

(それがもちろん最短！)という鉄則があります．

また，対象となる立体としては，角柱・角錐や円柱・円錐など様々ですが，まずは，角柱に糸を巻く問題から見てみましょう．

1. 角柱に糸を巻く

例題 10. 図は，∠ACB＝∠DFE＝$90°$の2つの直角三角形 ABC, DEF を底面とし，側面はすべて長方形である三角柱で，G は辺 AB の中点，H は辺 DF 上の点である．三角柱の表面に，点 G から点 H まで，辺 BC と CF に交わるように赤い糸をかけ，点 G から点 H まで，辺 AC と交わるように青い糸をかける．それぞれの糸の長さが最短となるようにかけたとき，2本の糸の長さが等しくなった．AC＝CF＝2, BC＝4 であるとき，FH の長さを求めなさい．

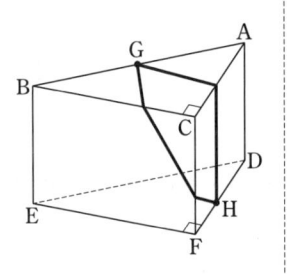

(08 愛知県)

解 FH＝x とおく．

赤い糸は，展開図上で右図の太線のようになるから，その長さを a とおくと，

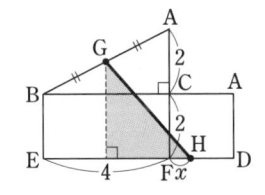

$$a^2 = (1+2)^2 + (2+x)^2$$
$$= x^2 + 4x + 13$$

83

青い糸は，展開図上で右図の太線のようになるから，その長さを b とおくと，

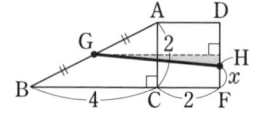

$$b^2 = (2+2)^2 + (1-x)^2 \quad \cdots\cdots\cdots ①$$
$$= x^2 - 2x + 17 \quad \cdots\cdots\cdots ②$$

$a=b$，すなわち，$a^2=b^2$ のとき，

$$x^2+4x+13 = x^2-2x+17 \quad \therefore \quad 6x=4 \quad \therefore \quad x=\frac{2}{3}$$

➡注 $x>1$ とすると，①は，$b^2=(2+2)^2+(x-1)^2$ となりますが，このときも②となることに変わりはありません．

──────練習問題 [☞ p.115]──────

8. 右の図は，底面 ABCD が AD=4，∠DAB=∠ADC=90°，AB=3，DC=6 の台形で，側面がすべて長方形の四角柱 ABCDEFGH を表しており，AE=2 である．

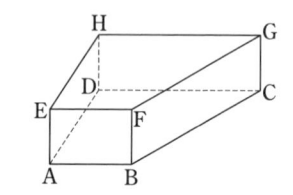

図に示す立体において，点 P が辺 EF，FB 上を点 E から点 F を通って点 B まで動く．AP+PG の長さが最も短くなるときの長さを求めなさい．

（07　福岡県）

2．円錐の側面に糸を巻く

例題 11. 図のような底面の半径が 2，母線の長さが 12 の円錐があります．底面の円周上に点 B をとるとき，次の各問に答えなさい．

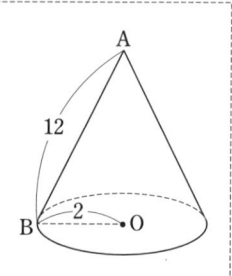

（1）この円錐の表面積を求めなさい．
（2）点 B からこの円錐のまわりにひもを1周巻きつけて点 B に戻します．ひもの長さが最短になるとき，ひもの長さを求めなさい．
（3）点 B からこの円錐のまわりにひもを2周巻きつけて点 B に戻します．ひもの長さが最短になるとき，ひもの長さを求めなさい．

（11　獨協埼玉）

（3） 「2周」の場合は，側面の展開図（扇形）を2つくっつけます．

解 （1） 側面積は，$\pi \times 12 \times 2 = 24\pi$ （☞ p.52） 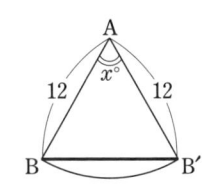
であるから，表面積は，$24\pi + 2^2\pi = \mathbf{28\pi}$

（2） 右図で，$x° = 360° \times \dfrac{2}{12} = 60°$ であるから，
最短の長さは，BB′＝AB＝**12**

（3） 円錐の側面を2つ並べた右図で，最短の長さはBB″である．ここで，△ABB″は，頂角が120°の二等辺三角形（☞ p.143）であるから，BB″＝$\mathbf{12\sqrt{3}}$ ……………①

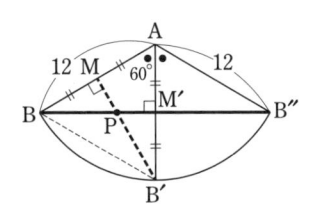

➡**注** 図の太実線の M′B″ の部分は，実際には扇形 ABB′ 上の太破線のようになり，2周するひもは点 P で交わっています．ここで，P は正三角形 ABB′ の中心ですから，①と同様に，AP＝$\dfrac{12}{\sqrt{3}} = 4\sqrt{3}$ です．

────**練習問題** [☞p.116]────

9．図のような底面の半径が $\sqrt{5}$，高さが $5\sqrt{7}$ の円錐があります．
（1） この円錐の側面積を求めなさい．
（2） 1つの母線 OA の中点を B とし，OB の中点を C とします．図のように，この円錐の側面を2周し，長さが最短になるように，A から B を通って C まで糸を巻きました．この糸の長さを求めなさい．
（3） （2）の糸を3等分したとき，底面に近いほうの点 P から図のように底面に垂線を下ろしました．この垂線の長さを求めなさい．

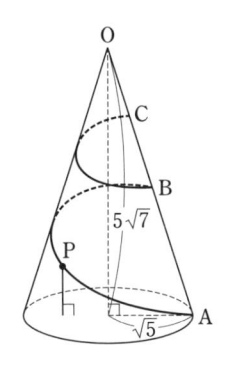

（12　東北学院）

85

◈Section 6 重ねる・削る

'複数の立体を重ね合わせた図形' or 'ある立体の一部分を削り取った図形' などがよく問題にされます．このようなタイプは，ここまでにも何題か扱ってきましたが，最後にもう一度チェックしておくことにしましょう．

1．角柱の上に角錐を重ねる

例題 12. 図は，三角錐と三角柱を合わせた形で，点 A，B，C，D，E，F，G を頂点とする立体を表している．AB＝AC＝5，AD＝4，BD＝CD＝5，BC＝6 である．三角柱 BCDEFG は，側面がすべて長方形で，BE＝2 である． 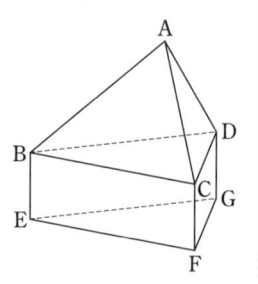
（1） 三角柱 BCDEFG の体積を求めなさい．
（2） 図に示す立体において，辺 AD 上に点 P を，△EPF の面積が最も小さくなるようにとる．このときの △EPF の面積を求めなさい．
(06 福岡県)

（2） 図形全体は面対称です．対称面を取り出して考えましょう．

解 （1） EF の中点を M とすると，
$GM = \sqrt{GE^2 - EM^2} = \sqrt{5^2 - 3^2} = 4$ ……①
よって，三角柱の体積は，$\dfrac{6 \times ①}{2} \times 2 = \mathbf{24}$

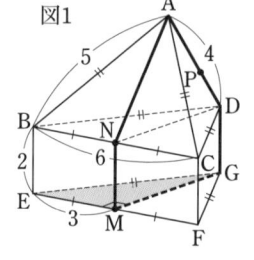

（2） BC の中点を N とすると，図1の図形全体は，五角形 ANMGD …② に関して対称である．
よって，△EPF は，PE＝PF の二等辺三角形であり，$\triangle EPF = \dfrac{EF \times PM}{2} = \dfrac{6 \times PM}{2} = 3PM$ ……③
ところで，△ABC≡△GEF（三辺相等）より，AN＝① であるから，

②は図2のようになる.

ここで，③が最小になるのは，$P=P_0$ のときであり，図2のように I をとると，$\triangle DGI$，$\triangle MIP_0$ はともに $30°$ 定規形であるから，

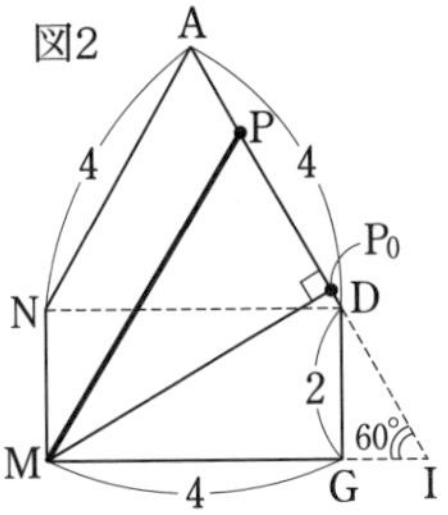

$$P_0M = MI \times \frac{\sqrt{3}}{2} = \left(4 + \frac{2}{\sqrt{3}}\right) \times \frac{\sqrt{3}}{2} = 2\sqrt{3}+1$$

よって，求める最小値は，$3P_0M = \mathbf{3(2\sqrt{3}+1)}$

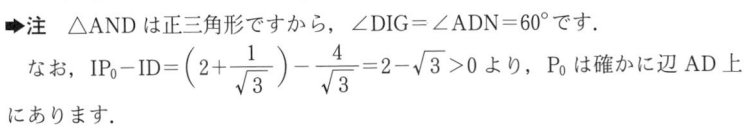

図2

➡ 注　$\triangle AND$ は正三角形ですから，$\angle DIG = \angle ADN = 60°$ です．

なお，$IP_0 - ID = \left(2 + \frac{1}{\sqrt{3}}\right) - \frac{4}{\sqrt{3}} = 2 - \sqrt{3} > 0$ より，P_0 は確かに辺 AD 上にあります．

━━━━━練習問題 [☞ p.116]━━━━━

10★　右図のように，1辺が3の立方体の上に底面の1辺が3，高さが3の正四角錐がのっている．

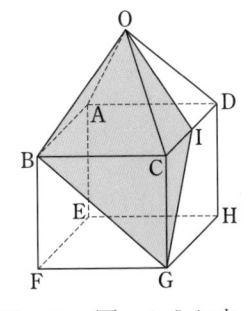

（1）OG の長さを求めなさい．

（2）平面 OBG と辺 CD の交点を I とするとき，CI の長さを求めなさい．

（3）点 C から四角形 OBGI に引いた垂線の長さを求めなさい． （10　巣鴨）

11★　すべての辺の長さが1である三角柱を2つ用いて，図のような立体を作る．この立体を立体 V とよび，その体積を v とする．

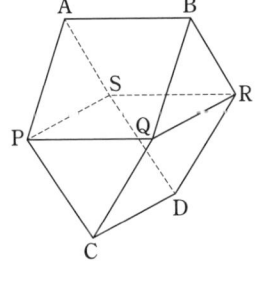

（1）v の値を求めなさい．

（2）3点 A，B，C を含む平面で立体 V を切ったときにできる断面の面積を求めなさい．

（3）3点 A，B，C を含む平面で立体 V を切ったときにできる2つの立体のうち，辺 PQ を含む立体の体積を求めなさい．

（4）辺 AB を含む平面で立体 V を切ったときにできる2つの立体のうち，辺 PQ を含む立体の体積が $\frac{1}{4}v$ となった．この平面と辺 QR との交点を点 X とするとき，線分 QX の長さを求めなさい．

（12　早大学院）

87

2. 合同な角錐を削り取る

> **例題 13.** 右の図のように，すべての辺の長さが 8 の正四角錐 OABCD がある．辺 AB, BC, CD, DA, OA, OB, OC, OD の中点をそれぞれ E, F, G, H, P, Q, R, S とし，EG と FH の交点を M とする．この正四角錐 OABCD から 5 つの正四角錐 OPQRS, PAEMH, QEBFM, RMFCG, SHMGD を取り除いた立体を V とする．
> （1） V の体積を求めなさい．
> （2） V の表面積を求めなさい．
> （3） 線分 PE の中点を通り面 PQRS に平行な平面で V を切ったとき，その切り口の面積を求めなさい． （11 桐朋）

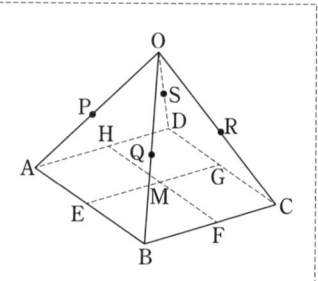

取り除く 5 つの正四角錐は，すべて，元の正四角錐の半分のサイズです．（3）でも，このサイズの正四角錐の切り口を考えましょう．

解 （1） V は，右図の太線部のような，すべての辺の長さが 8 の正四角錐から，すべての辺の長さが 4 の正四角錐 W を 5 つ取り除いた図形である．ここで，W の体積は，

$$\frac{1}{3} \times 4^2 \times 2\sqrt{2} = \frac{32\sqrt{2}}{3} \quad \cdots\cdots\cdots ①$$

であるから，V の体積は，

$$① \times 2^3 - ① \times 5 = ① \times 3 = \mathbf{32\sqrt{2}}$$

➡**注** 正四角錐 Q-EBFM において，△QEF≡△BEF（三辺相等）ですから，Q から底面までの高さは，BM÷2=$2\sqrt{2}$ です．

別解 V は，正四角錐 M-PQRS の 4 つの側面に正四面体を貼り付けた形であるから，その体積は，$① + \left(\dfrac{\sqrt{2}}{12} \times 4^3\right) \times 4 = \mathbf{32\sqrt{2}}$

（2） V の面は，正方形 PQRS と，正三角形 3×4＝12（個） から成っているから，その表面積は，$4^2 + \left(\dfrac{\sqrt{3}}{4} \times 4^2\right) \times 12 = \mathbf{16 + 48\sqrt{3}}$

Section 6 　重ねる・削る

（3）　題意の平面による，元の正四角錐 O-ABCD の切り口は，1 辺が 6 の正方形である．

正四角錐 M-PQRS の切り口は，その中央にある右図の斜線部分のような 1 辺が 2 の正方形；そして，取り除かれる 4 つの正四角錐の切り口も同様（網目部分）であるから，V の切り口は太線部分となる．

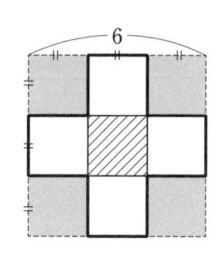

その面積は，$2^2 \times 5 = \mathbf{20}$

➡注　4 つの正四面体の切り口も，1 辺が 2 の正方形になりますが，このことは，正四面体を立方体に埋め込むイメージ（☞p.16）などから理解できますね．

──────練習問題［☞p.119］──────

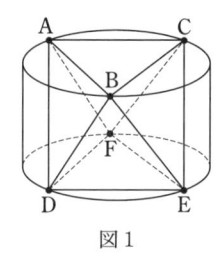

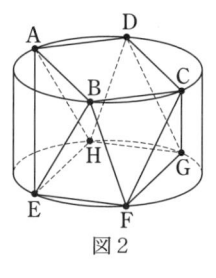

12★　（1）　図 1 のように半径 3 の円柱の底面の円周上に点をとり，△ABC，△DEF がともに正三角形で，八面体 ABC-DEF が正八面体となるとき，この円柱の高さは □ である．

（2）　図 2 のように半径 a，高さ h の円柱の底面の円周上に点をとり，四角形 ABCD，EFGH がともに正方形で，これら 2 つの正方形以外のすべての面が正三角形となるような十面体 ABCD-EFGH がある．このとき，$h^2 = \boxed{} a^2$ が成り立ち，十面体 ABCD-EFGH の体積は，この h を用いて表すと $\boxed{} h^3$ となる．

（10　桐蔭学園）

◇Section 7 影の問題・水の問題

　立体の問題の中で，やや特殊なテーマでありながら入試などに繰り返し登場するものとして，'影の問題'と'水の問題'があります．

　それぞれに特有な考え方があるので，ここでまとめて確認しておくことにします．

1. 影の問題

　'影の問題'は，光が**点光源**から発せられるものと，（太陽などの）**平行光線**のものとに大別されます．次の例題は前者（後の練習問題は後者）ですが，ここでは，相似形がたくさん現れます．

例題 14. 平面上に，1辺6の立方体を置き，上面の正方形 EFGH の対角線の交点 O から真上2のところにある光源から光を当て，影をつくる．
（1）AB, BC の長さをそれぞれ求めなさい．
（2）四角形 ABCD の面積を求めなさい．
（3）図の光の当たらない立体部分（A, B, C, D, E, F を頂点にもつ影をつけた部分）の体積を求めなさい．

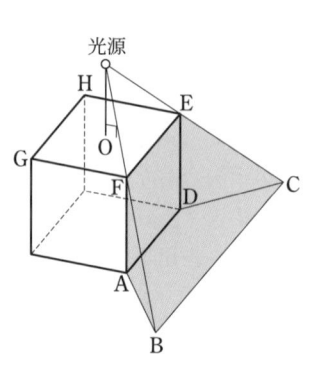

（08　安田女子）

　（1），（2）　定石通り，相似形を目一杯利用します．
　（3）　いわゆる'屋根形（三角柱切断形）'の求積です．いくつかの立体に分割して和をとるか，または差を考えるか，それとも….

Section 7 影の問題・水の問題

解 （1）右図で，
△LOF∽△FAB で，相似比
は，LO：FA＝2：6＝1：3
であるから，
　　AB＝3OF
　　　　＝3×3$\sqrt{2}$＝**9$\sqrt{2}$**

次に，図のように O' をとる
と，△O'AD∽△O'BC …①
で，相似比は，
O'A：O'B＝1：(1＋3)＝1：4
であるから，BC＝4AD＝**24**

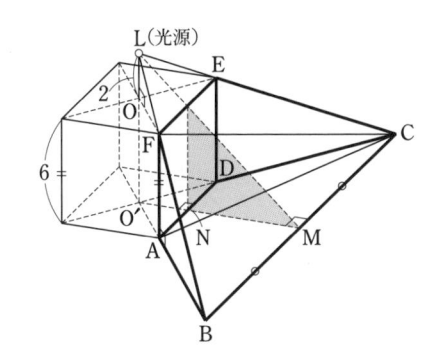

（2）BC，AD の中点を M，N とすると，図のようになって，
$$MN＝MO'－NO'＝MB－NO'＝12－3＝9 \quad\cdots\cdots②$$
$$\therefore \triangle ABCD＝\frac{(6＋24)×②}{2}＝\mathbf{135}$$

➡注　△O'BM は(△O'AN と相似な) '45°定規形' です．
なお，①の相似を使うと，
$$\triangle ABCD＝\triangle O'AD×(4^2－1^2)＝\frac{6^2}{4}×15＝\mathbf{135}$$

（3）求める体積は，三角錐 F-ABC ＋ 四角錐 C-ADEF
$$＝\frac{1}{3}×\frac{24×②}{2}×6＋\frac{1}{3}×6^2×②＝216＋108＝\mathbf{324}$$

➡注　「四角錐 L-ABCD － 四角錐 L-ADEF」として求めることもできます
（E，F を通り網目部に平行な平面で 3 分割してもよい）．
なお，'三角柱切断形の体積公式' (☞ p.37) を使うと，
$$(網目部)×\frac{EF＋AD＋BC}{3}＝\frac{②×6}{2}×\frac{6＋6＋24}{3}＝27×12＝\mathbf{324}$$

―――練習問題 [☞ p.120]―――――――――――

13. 図のように，
OA＝OB＝OC＝OD＝2a，
AB＝BC＝CD＝DA＝a
の正四角錐 OABCD は，辺 OA が床に垂直になるように置かれている．いま，床に真上から垂直に光があたっている．

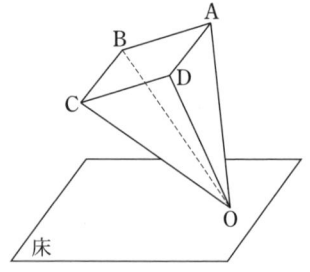

(1) 辺 OA 上に OA⊥CH となるように点 H をとる．このとき CH の長さを求めなさい．

(2) 床にできた四角錐 OABCD の影の面積を求めなさい．

（10　青雲）

2. 水の問題

'水の問題' では，水の量(体積)・水面の面積・水の深さなど，様々な図形量が問われます．さらに，水は融通無碍に形を変えるので，容器を回転させたり，別の容器に移し替えたりなどの操作が加わることもあります．

例題 15. 右図のように，辺の長さがすべて 1 である正六角柱を平面で切って作った容器 ABC-DEFGH がある．底面 DEFGH を水平に保ってこの容器に水を注ぐ．

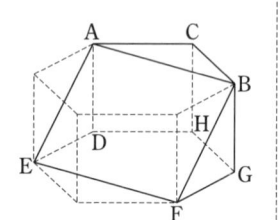

(1) △ABC の面積を求めなさい．

(2) 容器の容積を求めなさい．

(3) 水の深さが $\frac{1}{2}$ となるときの水の体積を求めなさい．

(4) 水の体積が容積の $\frac{3}{8}$ 倍となるときの水の深さを求めなさい．

（10　洛南）

(2) (1)を活かして，2つの三角柱に分けます．
(3)，(4) (2)で分けた三角柱のそれぞれについて考えます．

Section 7 影の問題・水の問題

解 （1） △ABC は，頂角が 120°の二等辺三角形であるから，その面積は，
$$\frac{\sqrt{3}}{4} \times 1^2 = \frac{\sqrt{3}}{4} \quad \cdots\cdots\cdots ①$$

（2） 容器を，面 ADGB で 2 つの三角柱に分け，△ABC を底面にする方を V，△BGF を底面とする方を W とすると，求める容積は，

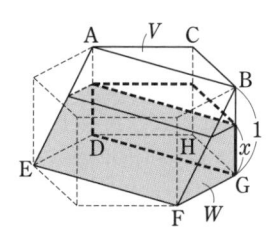

$$V + W = ① \times 1 + \frac{1^2}{2} \times \sqrt{3} = \frac{\sqrt{3}}{4} + \frac{\sqrt{3}}{2} = \frac{3\sqrt{3}}{4} \quad \cdots\cdots ②$$

➡**注** 切断面の長方形 AEFB の対角線の交点は正六角柱の中心（点対称の中心）ですから，この切断面によって，正六角柱の体積は 2 等分されます（☞p.35）．

すると，$V + W = \left(\frac{\sqrt{3}}{4} \times 1^2 \times 6 \times 1\right) \times \frac{1}{2} = \frac{3\sqrt{3}}{4}$

なお，解答中の ▭ については，☞p.143．

（3），（4） 水の深さを x とすると（$0 \leq x \leq 1 \cdots ③$），水の体積は，
$$V \times x + W \times \{1^2 - (1-x)^2\}$$
$$= \frac{\sqrt{3}}{4}x + \frac{\sqrt{3}}{2}(2x - x^2) = \frac{\sqrt{3}\,x(5-2x)}{4} \quad \cdots\cdots ④$$

$x = \dfrac{1}{2}$ のとき，$④ = \dfrac{\sqrt{3}}{2}$ …（（3）の答え）

$④ = ② \times \dfrac{3}{8}$ のとき，整理して，$16x^2 - 40x + 9 = 0$

∴ $(4x-1)(4x-9) = 0$　　③より，$x = \dfrac{1}{4}$ …（（4）の答え）

───練習問題 [☞ p.120]───

14★ 1辺の長さが1の透明な立方体の容器 ABCD-EFGH [図1]が，A を上にし，対角線 AG が水平な平面 M に垂直になるように設置されている[図2]．A に小さな穴をあけて，この穴から静かに水を注ぐとき，次の各問いに答えなさい．ただし，容器の厚みは考えないものとする．

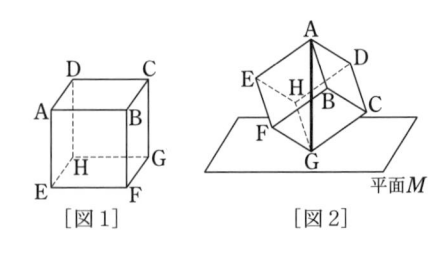

(1) 平面 M からの水面の高さが対角線 AG の長さの $\frac{1}{3}$ となるまで水を注いだとき，水面の面積と注がれた水の量を求めなさい．

(2) 平面 M からの水面の高さが対角線 AG の長さの $\frac{1}{2}$ となるまで水を注いだとき，水面の面積と注がれた水の量を求めなさい．

(3) 平面 M からの水面の高さが対角線 AG の長さの $\frac{7}{12}$ となるまで水を注いだとき，水面の面積を求めなさい． （09　桐蔭学園）

15. 底面の半径が3，高さが23の円柱の容器に水を入れ，その容器をななめにした．そのときの水面から底面までの最短距離（BC）が10，最長距離（OA）が15であった．表面張力や容器の厚さは考えないものとして，次の各問いに答えなさい．

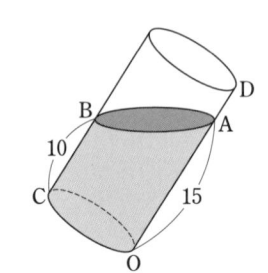

(1) 容器に入っている水の体積は，容器の空の部分よりどれだけ多いか求めなさい．

(2) 容器に入っている水の体積を求めなさい．

(3) この容器をさらに傾けて水面の端 A が点 D の位置に来たとき，BC の長さを求めなさい．ただし，O，A，D は一直線上にあるものとする． （12　東明館）

ミニ講座 ③

立方体の対角線

　立方体の対角線(図1の太線)の周辺には，色々と重要な性質が隠れています．それらについて，試験場で新たに考え出すよりも，知識として蓄えておけば，解答への見通しがより早く開けてくるはずです．

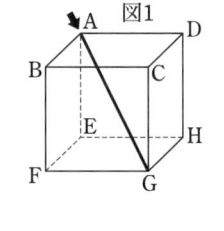

　以下にまとめておきますので，頭の片隅に是非保存しておいて下さい(立方体の1辺の長さを a とします)．

　まず，平面 AEGC を取り出してみます(図2)．

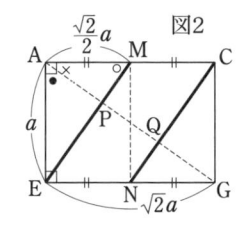

[性質①：垂直]　ここで，M，N は BD，FH の中点，太線 EM，CN は面 AEGC と正三角形 BDE，CFH との交線です(P，Q は正三角形の中心)．

　MA：AE＝AE：EG＝$1:\sqrt{2}$ より，2つの直角三角形 MAE と AEG は相似です．すると図2で，○＝●．これと，●＋×＝$90°$ より，○＋×＝$90°$．よって，∠APM＝$90°$ と分かります．全く同様に，∠GQN＝$90°$ ですから，

　　　　AG⊥EM，AG⊥CN（AG⊥△BDE，AG⊥△CFH）

[性質②：等分]　△MPA∽△MAE も成り立ち，これらの3辺比は，

$1:\sqrt{2}:\sqrt{3}$ ですから，AP＝$\dfrac{\sqrt{2}}{2}a \times \dfrac{\sqrt{2}}{\sqrt{3}} = \dfrac{\sqrt{3}}{3}a$（＝GQ）

これと，AG＝$\sqrt{3}\,a$ より，**AP＝PQ＝QG**

　　　　　　　　＊　　　　　　　　＊

　結局，AG を鉛直にした図3で，対角線 AG は，正三角形 BDE，CFH とそれらの中心 P，Q で垂直に交わり，しかも AG は，P，Q で3等分されていることになります．

　また，立方体を対角線方向(図1の➡方向)から眺めると，図4のように，2つの正三角形(網目部)が重なって，立方体全体は**正六角形**のように見えることも分かります(以上の性質の適用例として，☞p.120，14番)．

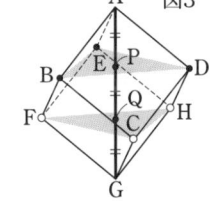

95

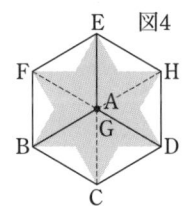

◇Section 8 空間での回転

　空間である図形を回転させ，その図形が描く軌跡の'長さ・面積・体積'などを求めさせる問題があります．回転させる図形も多彩で，'点・線分・平面図形・立体図形' など，色々です．それぞれにおけるポイントを，混乱することなくつかんで行きましょう．

1. 点の回転，線分の回転

例題 16. 図1のように，AB=10，BC=$10\sqrt{2}$ の長方形 ABCD がある．頂点 D から対角線 AC に垂直な直線をひき，AC との交点を H，辺 BC との交点を E とする．
（1）　DH の長さを求めなさい．
（2）　HE の長さを求めなさい．
（3）　△ABC を水平に保ったまま，対角線 AC を軸として図2のように△ACD を回転させる．長方形 ABCD の頂点 D が辺 BC の真上の位置まで回転したとき，D から BC にひいた垂線の長さを求めなさい．
（4）（3）のとき，D が描いた曲線の長さを求めなさい．　　　（10　成蹊）

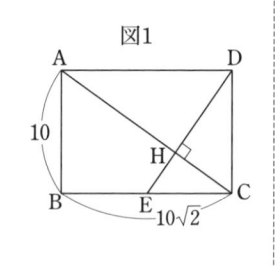

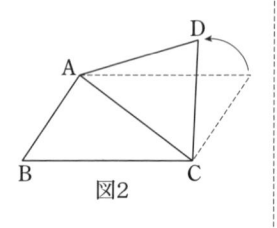

　（3），（4）　点 D は，H を通り AC に垂直な平面上で，H を中心とする円(の一部)を描きます．

解 （1），（2） 右図で，○同士の角，●同士の角はそれぞれ等しいから（○ ＋ ● ＝90°に注意），二角相等で，△ACD∽△DCH∽△CEH

これらの3辺比は，$1:\sqrt{2}:\sqrt{3}$ であるから，

$$DH = DC \times \frac{\sqrt{2}}{\sqrt{3}} = 10 \times \frac{\sqrt{2}}{\sqrt{3}} = \frac{10\sqrt{6}}{3} \quad \cdots\cdots ①$$

$$CH = DC \times \frac{1}{\sqrt{3}} = \frac{10}{\sqrt{3}} \quad \therefore \quad HE = CH \times \frac{1}{\sqrt{2}} = \frac{5\sqrt{6}}{3} \quad \cdots\cdots\cdots ②$$

（3） 点 D は，H を通り AC に垂直な平面（右図の網目部を含む）上で，H を中心とする半径 DH の円（の一部）を描く．

題意のときの D（図の D′）から BC に引いた垂線の足は E であり，このとき，

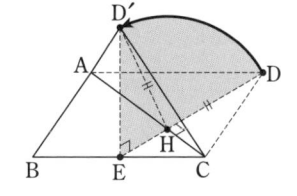

$$D'H : HE = ① : ② = 2 : 1$$

であるから，△D′EH は 30°定規形である．

よって，求める垂線の長さは，$D'E = ② \times \sqrt{3} = 5\sqrt{2}$

（4） （3）より，∠D′HD＝120°であるから，求める曲線の長さは，

$$\overset{\frown}{DD'} = 2\pi \times ① \times \frac{120}{360} = \frac{20\sqrt{6}}{9}\pi$$

例題 17．（1） 図1のような四面体 OABC があり，その展開図は図2である．ただし，

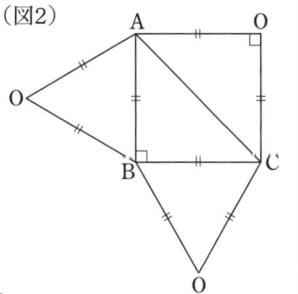

OA＝OB＝OC＝AB＝BC＝2，
AC＝$2\sqrt{2}$

である．このとき，四面体 OABC の体積を求めなさい．

（2） 図1において，辺 OB を辺 AC を軸に一回転させたとき，辺 OB の通る範囲の面積を求めなさい．　　　　　（11　駿台甲府）

(1) AC の中点を M とすると，図形全体は面 OBM に関して対称です．
(2) ここでも，'対称性' が利いてきます．

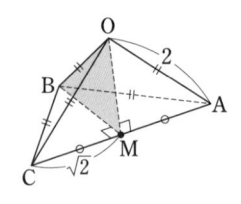

解 （1）OM⊥AC，BM⊥AC より，

AC⊥面 OBM …① であるから，四面体

OABC の体積は，$\dfrac{1}{3} \times \triangle OBM \times AC$ …………②

ここで，OM＝BM＝$\sqrt{2}$，OB＝2 より，

△OBM は 45°定規形であるから，②＝$\dfrac{1}{3} \times \dfrac{(\sqrt{2})^2}{2} \times 2\sqrt{2} = \dfrac{2\sqrt{2}}{3}$

➡注 OA＝OB＝OC より，O から面 ABC に下ろした垂線の足 H は，**△ABC の外心**です（☞p.25）．一方，△ABC は 45°定規形ですから，H＝M となります．すると，求める体積は，$\dfrac{1}{3} \times \triangle ABC \times OM = \dfrac{1}{3} \times \dfrac{2^2}{2} \times \sqrt{2} = \dfrac{2\sqrt{2}}{3}$

（2）①より，辺 OB は，面 OBM 上で，M を中心に回転する．よって，OB の通る範囲は右図の網目部分のようになり，その面積は，

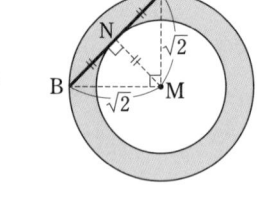

MB$^2\pi$－MN$^2\pi$＝(MB^2－MN^2)π＝BN$^2\pi$ …③

＝1$^2\pi$＝π

➡注 ③により，網目部分の面積は，**MN の長さにはよらない**ことが分かります．

──── 練習問題 ［☞p.122］────

16. 図1のように，1辺の長さが 4 の立方体 ABCD-EFGH が平面 P の上にあります．辺 CD の中点を M とします．この立方体に，次の①，②の操作を順に行います．

① 辺 EF を軸として，2点 A，B が平面 P 上の点となるように 90°まわす．

② ①によって動いた立方体の辺 AE を軸として，2点 D，H が平面 P 上の点となるように 90°まわす．

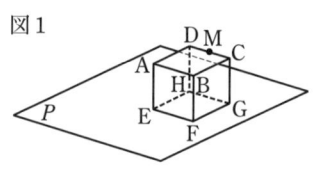

(1) ①，②のそれぞれの操作によって，点 G が動いてできた弧の長さの和を求めなさい．

(2) ①，②のそれぞれの操作によって，線分 DM が動いてできた図形の面積の和を求めなさい．

(10　北海道)

Section 8 　空間での回転

2. 平面図形の回転，立体図形の回転

平面図形の回転は，座標平面で頻出ですが，もちろんそれ以外にもしばしば登場します．

回転させる平面図形によっては，円柱や球などが現れることもありますが，基本は，

円錐の体積の足し引きに帰着させる

ことです．

例題 18． $\angle BAC = 90°$，$AC = 2$，$BC = 4$ の三角形 ABC において，辺 BC の中点を M とする．このとき，
（1） 頂点 C から直線 AM に垂線を下ろし，その交点を H とする．CH の長さを求めなさい．
（2） 三角形 ABC を，直線 AM を軸として 1 回転させたときにできる回転体の体積を求めなさい．

（10　お茶の水女子大付）

（2） 回転させる図形 △ABC は，回転軸 AM の両側にまたがっています．このようなときは，一方を軸に関して折り返します．

解　（1） △ABC は 30°定規形であるから，下図のようになって，ここで，△AMC は正三角形．∴ CH = $\sqrt{3}$

（2） AM に関する C の対称点を C′として，右図のように D, I, J をとる．このとき，五角形 AC′DBM の回転体の体積 V を求めればよい．

ここで，網目部は共に 30°定規形であるから，

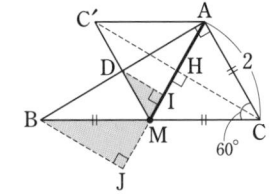

$$BJ = \sqrt{3}, \quad DI = \frac{\sqrt{3}}{2}$$

△ABM, △AC′M, △ADM の回転体の体積を v_1, v_2, v_3 とすると，

$$\begin{aligned}
V &= v_1 + v_2 - v_3 \\
&= \frac{1}{3} BJ^2 \pi \times AM + \frac{1}{3} C'H^2 \pi \times AM - \frac{1}{3} DI^2 \pi \times AM \\
&= \frac{\pi}{3} \times AM \times (BJ^2 + C'H^2 - DI^2) = \frac{\pi}{3} \times 2 \times \left(3 + 3 - \frac{3}{4}\right) = \frac{7}{2}\pi
\end{aligned}$$

99

立体図形を回す場合には，さらに考えにくくなります．ここでのポイントは，回転して出来上がる図形をうまくイメージすることです．

例題 19. 右の図の三角錐 A-BCD において，AB＝AC＝BD＝CD＝4，BC＝$2\sqrt{7}$，AD＝$2\sqrt{3}$ です．また，線分 BC の中点を M とし，A から線分 DM に引いた垂線と線分 DM の交点を H とします． 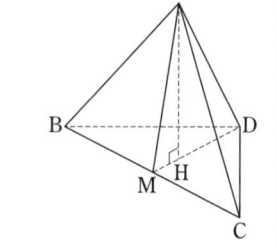
（1） △BCD の面積を求めなさい．
（2） 線分 AH の長さを求めなさい．
（3） 直線 AH を回転の軸として三角錐 A-BCD を 1 回転させるとき，三角錐 A-BCD が通過する部分の体積を求めなさい．
（12　豊島岡女子学園）

（3） 回転して出来上がる図形が'円錐'であることは比較的イメージしやすいでしょう．そこでの底面の半径は，△BCD 上で，回転の中心 H から最も遠い点までの距離になります．

解　（1） △BCD は図 1 のようになり，
$$DM=\sqrt{4^2-(\sqrt{7})^2}=3 \quad \cdots\cdots ①$$
$$\therefore \triangle BCD=\frac{2\sqrt{7}\times ①}{2}=\mathbf{3\sqrt{7}}$$

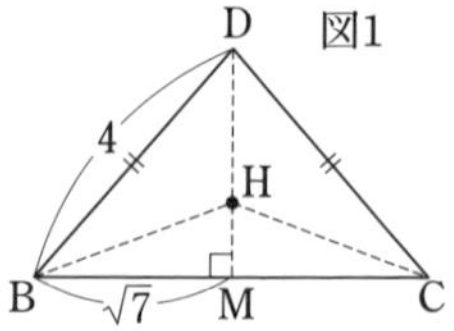

（2） △ABC≡△DBC（三辺相等）と①より，△AMD は図 2 のようになり，MH＝x とすると，
$$AH^2=3^2-x^2=(2\sqrt{3})^2-(3-x)^2$$
$$\therefore x=1 \cdots\cdots ② \quad \therefore AH=\sqrt{3^2-1^2}=\mathbf{2\sqrt{2}} \quad \cdots ③$$

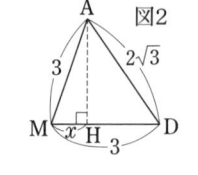

（3） 図 1 で，DH＝①－②＝2
$$BH(=CH)=\sqrt{②^2+(\sqrt{7})^2}=2\sqrt{2} \quad \cdots\cdots ④$$

よって，A-BCD の回転体は，底面の半径が④，高さが③の円錐となるから，その体積は，$\dfrac{1}{3}\times ④^2\pi \times ③ = \mathbf{\dfrac{16\sqrt{2}}{3}\pi}$

➡**注**　AB：AH＝4：③＝$\sqrt{2}$：1 なので，△ABH は（△ACH も）直角二等辺三角形です（よって，④＝③となる）．

100

Section 8 空間での回転

―――練習問題 [☞p.123]―――

17. 図のように，1辺の長さが10の立方体があります．
(1) この立方体を辺ABを軸にして1回転させてできる立体の体積を求めなさい．
(2) 図のように，辺AB上の点Pと2つの頂点A，Bをそれぞれ立方体を1周するように最短のヒモで結びます．ヒモPA，PBが辺CDと交わる点をそれぞれQ，Rとします． 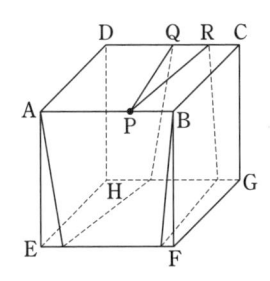
　(i) 線分QRの長さを求めなさい．
　(ii) △PQRを辺ABを軸にして1回転させてできる立体の体積を求めなさい．
（12　城西大付川越）

[コラム②／球面上の動点との距離]

Oを中心とする半径rの球面上の動点をPとします．これと定点Aの距離が最小となる場合を考えてみます．

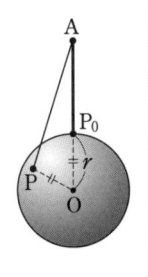

右図で，AP+PO≧AOで，等号はP=P$_0$のときに成り立ちます．すなわち，AP+PO≧AP$_0$+P$_0$O
ここで，PO=P$_0$O=rですから，AP≧AP$_0$ ………⑦

よって，P=P$_0$のとき，APは最小となります．

　　　*　　　　　*

次に，定点Aの代わりに，直線l上の動点Qを用意します．PQが最小となるのはどのような場合なのでしょうか？

動点が2つもあっては混乱します．このようなときには，**まず一方を止めて考える**のが定石です．右図のように，Q=Q$_1$と固定します（Pは球面上を自由に動く）．すると⑦より，PQの最小値はP$_1$Q$_1$ですね．ここから，Qを動かします．

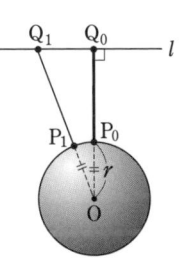

OQ$_1$=r+P$_1$Q$_1$より，P$_1$Q$_1$=OQ$_1$−rですから，これが最小となるのは，OQ$_1$が最小のとき，すなわち図のようにQがOからlに下ろした垂線の足Q$_0$のときです．

結局，Q=Q$_0$，P=P$_0$のとき，PQは最小となります．

101

◆Section 9 複数の球

　このタイプの問題には，複数の球が互いに外接したり，あるいはその状態で別の図形に内接したり…と，様々なバリエーションがあり，当然難問率も高くなります．

　さらに，一般に立体図形の問題では，適切な断面をとって平面図形の問題に帰着させるのが**基本**(☞p.19)なのですが，複数の球がからむ問題では，この定石がとれないケースが出てきます．その場合には，後述の'骨格図'などと呼ばれる**3次元図形のままで考えざるをえない**ことにもなってきます．

　その意味で，中学での立体図形の最深部に踏み込む覚悟をもって，以下を読み進めて行って下さい．

1．相似が利用できる形

　'複数の球'の問題といっても，以下のように**相似縮小の関係**になっている場合は，'1個の球'の場合と本質的には変わりません．

例題 20. 図のように半径 5, 3, r の3つの球が互いに接しており，それぞれ円錐の側面にも接している．また，半径5の球は円錐の底面とも接している．
（1）円錐の高さを求めなさい．
（2）円錐の底面の半径を求めなさい．
（3）r の値を求めなさい．

（10　法政二）

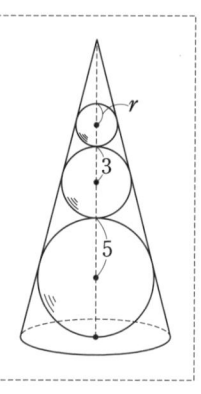

102

Section 9 複数の球

'丸い図形'(円錐，円柱，球など)に球が内接している場合には，**軸を含む平面**で切れば，円が平面図形に内接する構図が現れます．

解 （1） 右図において，△OCD∽△OAB
より，OK：OH＝(x＋6)：(x＋6＋10)＝3：5
　∴　3(x＋16)＝5(x＋6)
　∴　$2x$＝18　∴　x＝9
よって，円錐の高さは，OH＝9＋6＋10＝**25** …①

➡注　相似な三角形同士の内接円の半径の比は，もちろん相似比に等しくなります．

（2）　△OIJ∽△OAH で，これらの3辺比は，
OI：IJ＝20：5＝4：1 より，
1：4：$\sqrt{15}$ ($=\sqrt{4^2-1^2}$)であるから，

$$AH = ① \times \frac{1}{\sqrt{15}} = \frac{5\sqrt{15}}{3}$$

（3）　△OEF∽△OCD より，OL：OK＝9：(9＋6)＝r：3
　∴　$15r$＝27　∴　$r=\dfrac{9}{5}$

━━━━練習問題 [☞ p.124]━━━━

18．図のように，1辺の長さ4の正四面体 ABCD の内部に，互いに接している球 P，Q がある．球 P は正四面体の4つの面全てに接し，球 Q は3つの面△ABC，△ACD，△ABD に接している．

（1）　頂点 A から底面である △BCD に垂線を下ろし，底面との交点を H とするとき，AH の長さを求めなさい．
（2）　球 P の半径 p を求めなさい．
（3）　球 Q の半径 q を求めなさい．

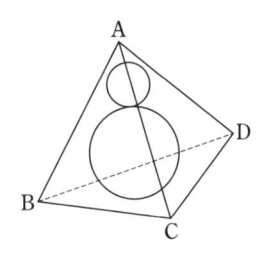

(07　慶應志木)

103

2. 対称面を取り出す

前節では，対称面を取り出して平面図形の相似に結びつけたわけですが，相似形が現れない場合でも，球の問題なのですから，**対称面を取り出す**という原則(☞p.19)に変わりはありません．

例題 21★　次の各問いに答えなさい．

（1）半径 1 の球 4 つを互いに外接するように平面上に置き，固定する．ただしその位置関係は，4 つの球の中心を結んだ四角形が正方形をなすように置く．右図はこの 4 つの球を上から見た図である．その上に半径 r の球を置いて下の 4 つの球すべてに外接させる．さらに，この立体に上から平面をのせたところ，5 つの球すべてがこの平面に接した．このとき，r は □ である．r がこの値をとるとき，半径 r の球と下の 4 つの球の接点を考え，この 4 つの接点を通る平面で 5 つの球を切断する．これら 5 つの球の切り口の面積の合計は □ である．　　　　　　　　　　　　（08　甲陽学院）

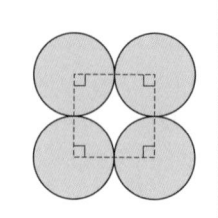

（2）右の図のように，半径 2 の球 O_1 の中に半径 1 の球 O_2，O_3 があり，3 つの球は互いに接している．O_1 の内部で，O_2，O_3 の外部となる部分を A とする．A に入る球の半径の最大値は □ で，この半径の球は最大 □ 個，A に入れることができる．　　　　　　　　　　（11　大阪星光学院）

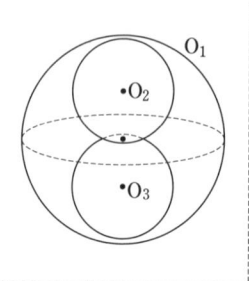

（1）問題文の図の正方形の対角線を含む面を取り出します．後半では，球の切り口の面積を求めるのですから，定石通り'各球の中心から切断面までの距離'(☞p.44)をとらえます．

（2）対称面が色々あります．前半と後半で，臨機応変に，最も適切な対称面を選択しましょう．

Section 9　複数の球

解　（1）右図の太線の平面(4球の中心を通る平面に垂直)による切り口は，図アのようになる．

△AOH において，$(1+r)^2=(1-r)^2+(\sqrt{2})^2$

$\therefore\ 4r=2\ \therefore\ r=\dfrac{1}{2}$

このとき，AO：AH＝3：1であるから，A，Oから切断面(図アの太線)までの距離はそれぞれ，$1\times\dfrac{1}{3}=\dfrac{1}{3}$，$r\times\dfrac{1}{3}=\dfrac{1}{6}$である．

よって，求める面積は，

$\pi\times\left\{1^2-\left(\dfrac{1}{3}\right)^2\right\}\times 4+\pi\times\left\{\left(\dfrac{1}{2}\right)^2-\left(\dfrac{1}{6}\right)^2\right\}$

$=\dfrac{32}{9}\pi+\dfrac{2}{9}\pi=\dfrac{\mathbf{34}}{\mathbf{9}}\boldsymbol{\pi}$

（2）A に入る最大の球の中心をPとし，平面 O_2PO_3 を取り出すと，図イのようになる（●は球の中心，○は接点を表す）．

ここで，$O_2P^2=O_2O_1^2+O_1P^2$ であるから，

$(1+r)^2=1^2+(2-r)^2$

$\therefore\ 6r=4\ \therefore\ r=\dfrac{2}{3}$ …………①

次に，球 O_2 と O_3 が接している平面(問題文の図の点線)を取り出すと，図ウのようになる．

ここで，$r：O_1P＝①：(2-①)＝1：2$

であるから，図の網目部分は 30°定規形であり，×＝30°である．

よって，図のように円 O_1 を6個の'中心角が 60°の扇形'に分けると，それぞれの中に1個ずつ半径 r の円をぴったり納めることができるから，答えは，**6個**である．

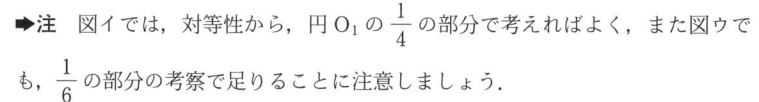

➡**注**　図イでは，対等性から，円 O_1 の $\dfrac{1}{4}$ の部分で考えればよく，また図ウでも，$\dfrac{1}{6}$ の部分の考察で足りることに注意しましょう．

なお，次節で扱う3次元版の'骨格図'に対して，図イの太線部分は2次元版の'骨格図'になります．

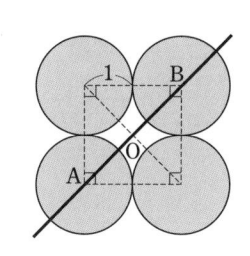

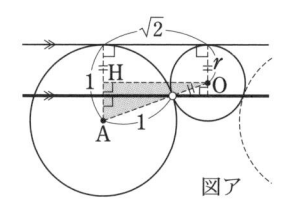

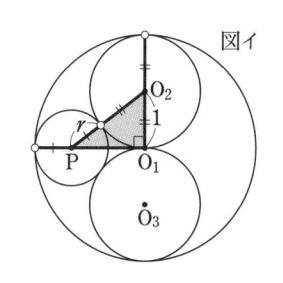

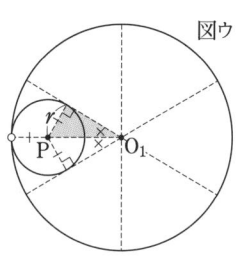

———練習問題 [☞ p.125]———

19. 図のように，半径 1 の 2 つの球が，互いの中心 O_1，O_2 が球面上にあるように重なっており，それぞれの球が正八面体の 4 面ずつに接している．太線は 2 つの球面が交わってできる円で，この円を C とする．

(1) 円 C 上に点 P をとるとき，次のものを求めなさい．
　(i) $\angle O_1 P O_2$ の大きさ
　(ii) 円 C の半径
(2) この正八面体の 1 辺の長さを求めなさい．

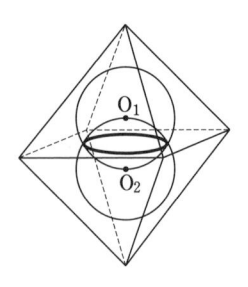

（12　弘学館）

20★ 半径の等しい 3 個の球 O_1，O_2，O_3 がある．この 3 個の球を，図のような半径が 3，高さが h の円柱形の容器に入れたところ，一番上の球 O_3 の上端が容器の上端と同じ高さになった．また，底面の中心と 3 つの球の中心は同じ平面上にあって，2 つの球はそれぞれ互いに接し，3 つの球は容器の側面や底面と接している．

(1) 容器の高さが 12 のとき，球の半径 r を求めなさい．
(2) 球の半径が $\dfrac{5}{2}$ のとき，容器の高さ h を求めなさい．

（09　国学院大久我山）

3. 球を積む

　何個かの球を積み上げるような問題では，**球の中心や球と球との接点などを結ぶ線分**を中心に考えていくことになります．それらの線分が形作る立体図形(骨格！)が主役，ということです．

　次の例題では，その'骨格'の図形が問題にされています．この例題を通じて，3 次元版の'骨格図'の考え方に慣れて下さい．

Section 9 複数の球

例題 22. （1） 図1のように，平らな面の上に6個の半径1の球が接するように置かれています．図2はこれを真上から見た図で，隣り合う球の中心同士を結ぶと正六角形ができています．この正六角形の面積を求めなさい．

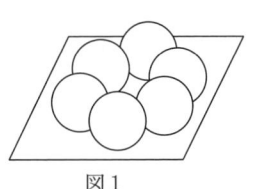

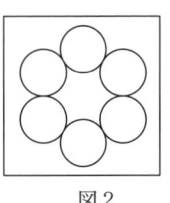

（2） 図3のように，図1の6個の球の上に半径2の大きな球を接するように置きます．このとき，接している球の中心どうしをすべて結んでできる立体の体積を求めなさい．

（3） 3個の半径1の球を互いに接するように置きます．この3個の球の上に半径2の大きな球を接するように置きます．このとき，接している球の中心同士をすべて結んでできる立体の体積を求めなさい．

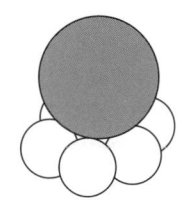

（10　豊島岡女子学園）

（2）での'骨格'は正六角錐，（3）では正三角錐です．

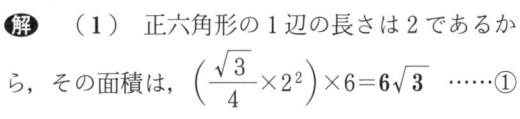

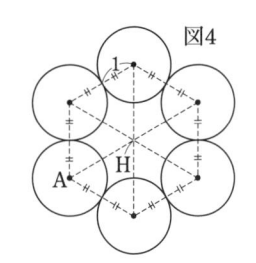

解　（1） 正六角形の1辺の長さは2であるから，その面積は，$\left(\dfrac{\sqrt{3}}{4}\times 2^2\right)\times 6 = \mathbf{6\sqrt{3}}$ ……①

（2） 題意の立体は，図5の太線部分のような正六角錐になる．ここで，

$OH = \sqrt{OA^2 - AH^2}$
$= \sqrt{(2+1)^2 - 2^2} = \sqrt{5}$ …②

であるから，求める体積は，

$\dfrac{1}{3}\times ① \times ② = \mathbf{2\sqrt{15}}$

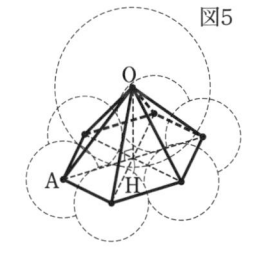

（3） 題意の立体は，図6の太線部分のような正三角錐になる．

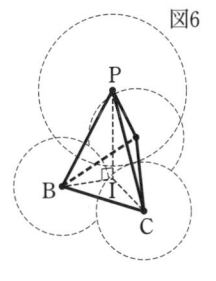

ここで，△IBC は頂角が 120° の二等辺三角形であるから，

$$IB = \frac{BC}{\sqrt{3}} = \frac{2}{\sqrt{3}}$$

$$\therefore PI = \sqrt{PB^2 - IB^2} = \sqrt{(2+1)^2 - \left(\frac{2}{\sqrt{3}}\right)^2} = \frac{\sqrt{23}}{\sqrt{3}} \quad \cdots\cdots ③$$

よって，求める体積は，$\frac{1}{3} \times \left(\frac{\sqrt{3}}{4} \times 2^2\right) \times ③ = \frac{\sqrt{23}}{3}$

―――練習問題 [☞ p.126]―――

21★ 半径 1 の球が 100 個ある．これらの球を組み合わせ正三角形状に並べ，さらにこれらを重ねて，できるだけ大きい正四面体状の立体を作ったところ，球は何個か余った．図は，球を 3 段積み重ねたものである．

（1） この立体を作るのに何個の球を使ったか．

（2） この立体の高さを求めなさい．

（10　立教新座）

---

　　p.79 でご紹介した問題の答えです．

　　計算で示すこともできますが，少し面倒な計算になるので，視点を変えてみます．

　　p.68 で，'正四面体への正八面体の埋め込み' について解説しました．例えば，そこでの例題 1 の問題文に，右のような図が現れています．

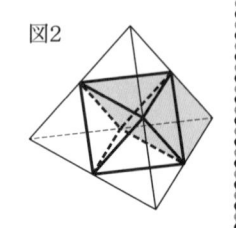

図2

ここで，太線部は正八面体で，その周りにあるのは(元の正四面体を 1/2 に縮小した) 4 個の正四面体です．それらの 1 辺の長さを a とすると，図 2 の網目部は本問の多面体 P と合同な図形です！すなわち，p.79 の図 1 の網目部(△OAE と △OAD，△OBE と △OBC)は同じ平面ということで，答えは，$l=2$，$m=3$，$n=5$ ということになるのです(p.79 の練習問題 5(2)でも，'△OAB と △O'AB などは同じ面' という結論でしたね(☞ p.113)．なお，p.88 の例題 13 の解答でも，上の図 2 と同様な図形が現れています．参照してみて下さい)．

練習問題の解答

1. ［問題は，☞p.70］（2）（1）の流れから，□ABFD を取り出します．
（3）（2）を利用して，立方体の1辺の長さを求めます．

解　（1）　□ABFD は，（□BCDE と合同な）正方形であるから，AF=1×$\sqrt{2}$=$\sqrt{2}$ ……①
（2）　□ABFD を取り出すと，図2のようになる．ここで，網目部はともに '45°定規形' で，相似比は，PR：PT=$\sqrt{2}$：1 であるから，

$$AP：PB=\sqrt{2}：1$$

（3）（2）より，立方体の1辺の長さは，

$$PT=PB×\sqrt{2}=\left(1×\frac{1}{\sqrt{2}+1}\right)×\sqrt{2}$$

$$=\sqrt{2}(\sqrt{2}-1) \quad ……②$$

∴　$X=$②$^3=2\sqrt{2}(5\sqrt{2}-7)$ ……③

また，$Y=\left(\frac{1}{3}×1^2×\frac{①}{2}\right)×2=\frac{\sqrt{2}}{3}$ ……④

∴　$\dfrac{X}{Y}=\dfrac{③}{④}=6(5\sqrt{2}-7)$（=0.42…）

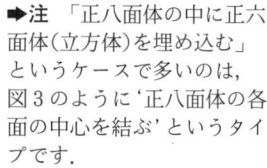

➡**注**　「正八面体の中に正六面体（立方体）を埋め込む」というケースで多いのは，図3のように '正八面体の各面の中心を結ぶ' というタイプです．
　本問で，このような立方体を作ると，図3で，

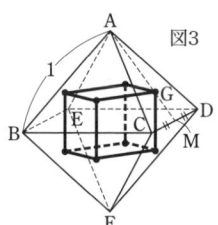

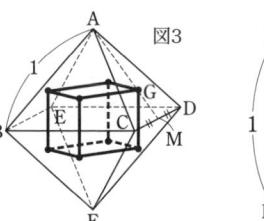

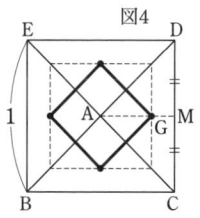

AG：GM=2：1 ですから，その1辺の長さは，CE×$\dfrac{1}{3}=\dfrac{\sqrt{2}}{3}$（☞図4）…⑤

よって，その体積をX'とすると，$\dfrac{X'}{Y}=\dfrac{⑤^3}{④}=\dfrac{2}{9}$（=0.22…）

109

2. [☞p.73] （1） P，Q のいずれかが方向を変えるごとに，場合を分けます．
（3）「垂線の長さ」ですから，解法は 2 つに分かれます（☞p.18）．

解　（1）　1°　**$0 \leqq x \leqq 2$ のとき**；P は辺 AB 上，Q は辺 BF 上にあって，図 1 のようになる．

このとき，
$y = \dfrac{1}{3} \times \dfrac{2 \times x}{2} \times x$
$= \dfrac{1}{3}x^2$ ……①

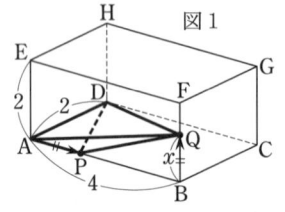

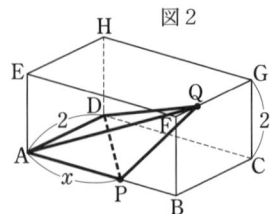

2°　**$2 \leqq x \leqq 4$ のとき**；図 2 のようになって，
$y = \dfrac{1}{3} \times \dfrac{2 \times x}{2} \times 2 = \dfrac{2}{3}x$ ……②

3°　**$4 \leqq x \leqq 6$ のとき**；図 3 のようになって，ここで，QC $= 2 \times 3 - x = 6 - x$ ……③
であるから，
$y = \dfrac{1}{3} \times \dfrac{2 \times 4}{2} \times ③ = \dfrac{4}{3}(6-x)$ ……④

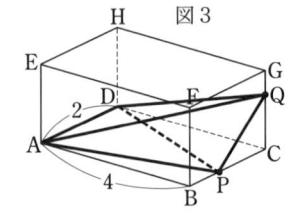

1°〜3°より，グラフは図 4 の太線のようになる．

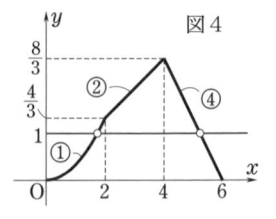

（2）$y = 1$ となるのは，図 4 の○の場合であるから，①$=1$，④$=1$ より，$x = \sqrt{3},\ \dfrac{21}{4}$

（3）$x = 3$ のとき，図 5 のようになって，D(C) から平面 APQ（網目部）におろした垂線の長さを h とすると，図 6 で，
△BCI ∽ △QBF
より，BC : CI $=$ QB : BF $= \sqrt{5} : 2$　∴　$h = 2 \times \dfrac{2}{\sqrt{5}} = \dfrac{4\sqrt{5}}{5}$

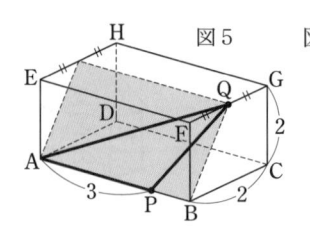

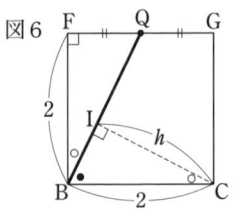

別解 [体積を経由して，垂線の長さを求める．]

$x=3$ のとき，②より，$y=\dfrac{2}{3}\times 3=2$ ……⑤

一方，$BQ=\sqrt{BF^2+FQ^2}=\sqrt{2^2+1^2}=\sqrt{5}$

より，$\triangle APQ=\dfrac{AP\times BQ}{2}=\dfrac{3\sqrt{5}}{2}$ ……⑥

∴ $\dfrac{⑥\times h}{3}=⑤$ ∴ $h=\dfrac{3\times ⑤}{⑥}=\dfrac{4\sqrt{5}}{5}$

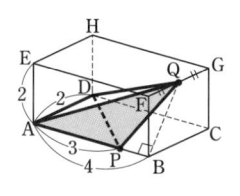

3. [☞p.75] (3)では，(1)(2)の流れに倣いましょう．

解 (1) 側面の展開図上で，P は直線 AM 上を動くから，$t=3$ のとき，P の経路は図の L_1 のようになる．

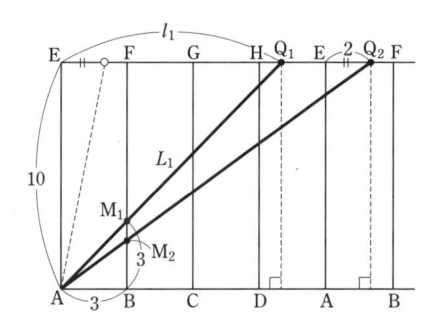

ここで，$\dfrac{BM_1}{AB}=\dfrac{10}{l_1}$ が成り立つから，$l_1=\mathbf{10}$

(2) $l=2$ となる t の値の中で最大なのは，図の BM_2 であり（☞注），このとき，$\dfrac{t}{3}=\dfrac{10}{3\times 4+2}$ ∴ $t=\dfrac{\mathbf{15}}{\mathbf{7}}$

➡注 図の○の場合は，辺 FB と交わらないので(点 M がとれず)，不適です．

(3) (1)，(2)と同様に，$l=10$ となるのは，

$$\dfrac{t}{3}=\dfrac{10}{12\times n+10} \quad \therefore \quad t=\dfrac{15}{6n+5} \quad \cdots\cdots ①$$

(n は 0 以上の整数)の場合である．

ここで，$\dfrac{4}{5}<t<10$ であるから，①で $n=0, 1, 2$ として，

$$t=\mathbf{3}, \quad \dfrac{\mathbf{15}}{\mathbf{11}}, \quad \dfrac{\mathbf{15}}{\mathbf{17}}$$

➡注 $n=3$ のとき，$t=\dfrac{15}{23}<\dfrac{4}{5}(=0.8)$ となって，不適です．

111

4. [☞p.77]（1） 正六角形・正三角形が 4 個ずつあることから，'正四面体' をイメージしたいところです．

（2） こちらは，正六角形が 8 個なので，'正八面体' か…？

解（1） 与えられた展開図は，図 3 の太線部のような「1 辺が 12 の正四面体の各辺の 3 等分点を結んで得られる立体」の展開図である．

まず，正六角形 GHIJDC を底面とし，次に，頂点 K，L，M，N の位置を定めると，図 3 のようになる．

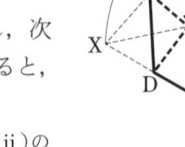

➡注 この 2 面の位置を定めたのは，（ii）の舞台になっているからです．

（i） V は H と重なり，また，P は V と重なる（図 4 参照）から，答えは，**H，P．**

➡注 図 3 の立体の各頂点は，正六角形の面 2 つと正三角形の面 1 つの頂点になっていますから，図 4 で，V，H，P 以外にこれらと重なる点はありません．

（ii） △GJM の 3 辺は，すべて 8（＝4×2）であるから（☞図 3），正三角形であり，その面積は，

$$\frac{\sqrt{3}}{4} \times 8^2 = \mathbf{16\sqrt{3}}$$

次に，図 3 において，GC≦IJ≦ML と，GC⊥GM（☞注）より，□GMLC は長方形であるから，GL＝$\sqrt{ML^2 + GM^2} = \sqrt{4^2 + 8^2} = \mathbf{4\sqrt{5}}$

➡注 図 3 で，GC∥WX，GM∥YZ で，正四面体の対辺は垂直である（☞p.16）ことから，WX⊥YZ ∴ GC⊥GM

なお，本問の立体の体積は，$\frac{\sqrt{2}}{12} \times 12^3 - \left(\frac{\sqrt{2}}{12} \times 4^3\right) \times 4 = \frac{368\sqrt{2}}{3}$

（2）（i） 図 2 を組み立ててできる立体は，図 5 の太線部のような「1 辺が 3 の正八面体の各辺の 3 等分点を結んで得られる立体」であるから，頂点の個数は，4×6＝**24（個）** ……………①

➡注 立体の頂点の個数は，正方形の面（6 つある）の頂点の個数に等しく，①となります．

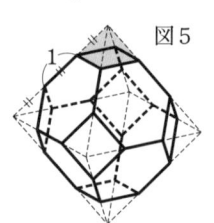

112

第 2 部・練習問題の解答

（ii） 図 5 の正八面体の体積は，$\frac{1}{3} \times 3^2 \times 3\sqrt{2} = 9\sqrt{2}$ ……………②

よって，求める立体の体積は，

②－（網目部の体積）×6＝②－$\left\{\frac{②}{2} \times \left(\frac{1}{3}\right)^3\right\} \times 6 = ② \times \frac{8}{9} = 8\sqrt{2}$

➡注 （1）の立体を'切頂四面体'，（2）の立体を'切頂八面体'といい，ともに'半正多面体'と呼ばれる立体の一種です．

5. [☞p.79] （2）（1）が有力なヒントになっています．
（3） 図形全体を真上から見た図で考えます．この図が，次の（4）の解決にもつながっていきます．

解 （1） 面 OMI は図 1 のようになって（N は CD の中点），ここで△OMI は '45°定規形' であるから，∠OMI＝**45°**

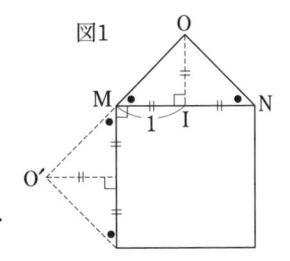

（2） 面 AEFB に貼りつけた正四角錐の頂点を O′とすると，図のようになって，ここで，
●＝45°であるから，O-M-O′は一直線上にある．
よって，△OAB と△O′AB は同じ面 ……①
であり，他も同様であるから，できあがる立体の面の数は（立方体の辺の数に等しく），12 個である．したがって答えは，**12 面体**．

➡注 ①において，辺 AB が '△OAB と△O′AB を合わせたひし形の対角線' になっており，他も同様——すなわち，正方形の 1 辺と面の 1 つが 1 対 1 に対応している，ということです．

（3） 図 2 において，O′を頂点とする四角錐の切り口を太線部とし，Q を定める（L は AE の中点）．ここで，AP：PQ＝AL：LO′より，
　　h：PQ＝1：$\sqrt{2}$　∴　PQ＝$\sqrt{2}\,h$ ……② 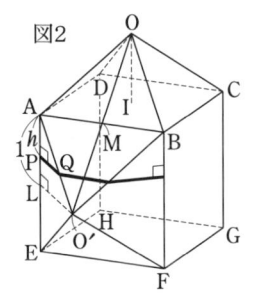
よって，図形全体を真上から見た図 3 で，p＝②
切断面は，図 3 の 1 辺が $2\sqrt{2}$ の正方形から，網目部の '45°定規形' 4 個を引いたものであるから，その面積は，

$(2\sqrt{2})^2 - \frac{(\sqrt{2}-②)^2}{2} \times 4 = 8 - 4(1-h)^2 = \mathbf{4(1+2h-h^2)}$

➡注 LO′＝OM＝$\sqrt{2}$ です（☞図 2，図 1）．

113

(4) 回転体の切断面は，(3)で求積した切断面 (*)を，図3の○を中心に回転させてできる円で，その半径 r は，○と●の距離に等しいから，面積は， $\pi r^2 = \{(\sqrt{2})^2 + p^2\}\pi = 2(1+h^2)\pi$

これが 3π であるとき， $2(1+h^2) = 3$

∴ $h^2 = \dfrac{1}{2}$ $h > 0$ より， $h = \dfrac{\sqrt{2}}{2}$

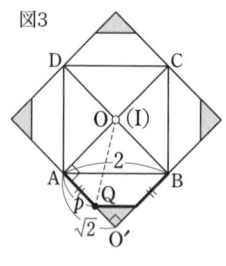

➡注 (*)上の点の中で，○との距離が最も大きいのは●であり，この最大値が円の半径になります．

6. [☞p.81] (2) 定石通りに「折れ線を一直線に帰着させる」という手法を使いますが，'回転'という操作(☞注)が必要になります．

(3) '三角錐'を完成させます．

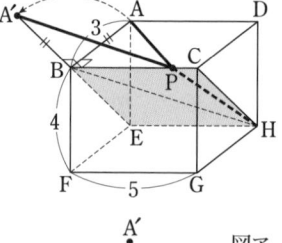

[解] (1) $BH = \sqrt{3^2 + 4^2 + 5^2} = 5\sqrt{2}$

(2) 点 A を平面 ABFE 上で B を中心として回転させ，平面 BEHC との交点(BC に関して H と反対側)を A′ とする．

$\triangle A'BP \equiv \triangle ABP$ より， $A'P = AP$

∴ $AP + PH = A'P + PH$ ……①

平面 BEHC 上では，図アのようになって，

① $\geq A'H = \sqrt{(3+5)^2 + 5^2} = \sqrt{89}$

(等号成立は， A′-P-H が一直線($P = P_0$)のとき)

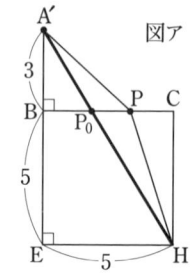

➡注 上では「点 A を B の周りに回転させる」と表現しましたが，「面 ABCD と BEHC の展開図上で考える」とイメージする方が分かりやすいかもしれません．

(3) 2直線 AP_0, DC の交点を Q とし，QH と CG の交点を R とすると，求積すべき立体は，三角錐台 P_0CR-ADH である．

Q-P_0CR と Q-ADH の相似比は，

$P_0C : AD = P_0C : BC = 5 : 8$ (☞図ア)

よって， $QD = 8$ であるから，求める体積は，

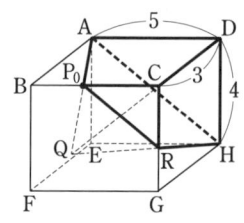

Q-ADH × $\left\{1 - \left(\dfrac{5}{8}\right)^3\right\} = \left(\dfrac{1}{3} \times \dfrac{5 \times 4}{2} \times 8\right) \times \dfrac{387}{512} = \dfrac{\mathbf{645}}{\mathbf{32}}$

第2部・練習問題の解答

7. [☞p.82]（1）では，Aの対称点をとるだけで足りますが，（2）では，Rの対称点も必要になります。

解（1）面 EFGH に関する A の対称点を A′ とすると，AP+PR＝A′P+PR≧A′R ………①
（等号成立は，A′-P-R が一直線（P＝P₀）のとき）
よって，求める最小値は，
$$①=\sqrt{1^2+2^2+(2+2)^2}=\sqrt{21}$$

（2）面 BFGC に関する R の対称点を R′ とすると，
AP+PQ+QR＝A′P+PQ+QR′≧A′R′ ……②
（等号成立は，A′-P-Q-R′ が一直線（P＝P₁，Q＝Q₁）のとき） よって，求める最小値は，
$$②=\sqrt{(2+1)^2+2^2+(2+2)^2}=\sqrt{29}$$

➡**注**「点 P₁ が正方形 EFGH 上にある（∗）」ことを確認してみましょう。P₁ は A′R′ の中点ですから（真上から見た図で），図のような位置にあるので，（∗）が成り立ちます。

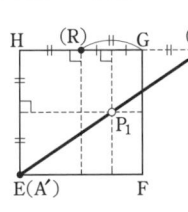

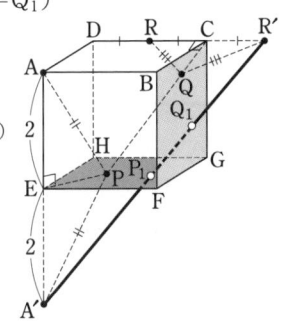

8. [☞p.84] 点 P が動く辺に応じて，適する展開図を用意します。

解 点 P が辺 EF 上を動くとき，右のような展開図上において，AP+PG₁≧AG₁ …①
（等号成立は，A-P-G₁ が一直線（P＝P₀）のとき） よって，求める最小値は，
$$①=\sqrt{AH^2+HG_1^2}$$
$$=\sqrt{(2+4)^2+6^2}=\sqrt{72} \cdots\cdots②$$

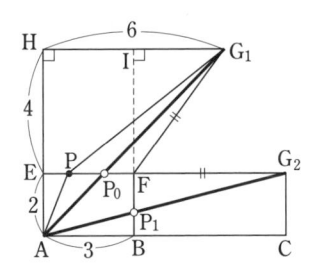

点 P が辺 FB 上を動くとき，同様に，
AP+PG₂≧AG₂ …③ （等号成立は，P＝P₁ のとき） ここで，$FG_2=FG_1=\sqrt{FI^2+IG_1^2}=\sqrt{4^2+3^2}=5$ であるから，
$$③=\sqrt{AE^2+EG_2^2}=\sqrt{2^2+(3+5)^2}=\sqrt{68} \cdots\cdots④$$

②＞④であるから，求める最小値は，④＝$2\sqrt{17}$

➡**注** △AEP₀∽△AHG₁（直角二等辺三角形）より，EP₀＝2＜EF です。

115

9. ［☞p.85］（3）（2）で利用した側面の展開図と，問題文にある円錐の見取り図の両方を駆使して考えます．

解（1）母線 OA の長さは，$\sqrt{(5\sqrt{7})^2+(\sqrt{5})^2}=6\sqrt{5}$ ………①

であるから，側面積は，$\pi \times ① \times \sqrt{5} = \mathbf{30\pi}$ ……………………………②

（2）側面の展開図である扇形の中心角は，$360° \times \dfrac{\sqrt{5}}{①} = 60°$ ………③

であるから，図1のようになる．

③と，OA：OB＝OB：OC＝2：1 より，△OAB，△OBC はともに30°定規形であるから，糸の長さは，

$3\sqrt{5} \times \sqrt{3} + \dfrac{3\sqrt{5}}{2} \times \sqrt{3} = \dfrac{\mathbf{9\sqrt{15}}}{\mathbf{2}}$

➡注 ②，③の左辺については，☞p.52．

（3）P を通る母線を OQ とし，O，P から底面に下ろした垂線の足をそれぞれ H，I とする．

図1で，P は AB の中点 …④ であることから，

$OP = \sqrt{(3\sqrt{5})^2 + \left(\dfrac{3\sqrt{15}}{2}\right)^2} = \dfrac{3\sqrt{35}}{2}$ …⑤

図2で，△PQI∽△OQH で，相似比は，

PQ：OQ＝（①－⑤）：①＝$(4-\sqrt{7}):4$

∴ $PI = OH \times \dfrac{4-\sqrt{7}}{4} = \mathbf{5\sqrt{7} - \dfrac{35}{4}}$

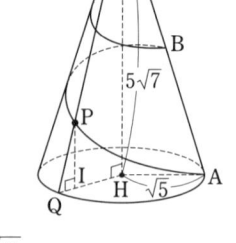

➡注 B から底面に下ろした垂線の長さは，$\dfrac{OH}{2} = \dfrac{5\sqrt{7}}{2}$ …⑥ ですが，これと④から，$PI = \dfrac{⑥}{2}$ とするのは（もちろん！）間違いです．

10.［☞p.87］（2）（1）を解くときの図に現れる点が，大きな鍵を握っています．

（3）垂線が現れるような'対称面'はなさそうですから（☞注），もう1つの定石である'体積を利用'しましょう（☞p.18）．ただしその際，四角錐 C-OBGI を相手にするのは正直すぎます．

第 2 部・練習問題の解答

解　（1）　平面 OAEGC を取り出した図 2 において，

$$OG = \sqrt{OK^2 + KG^2} = \sqrt{6^2 + \left(\frac{3\sqrt{2}}{2}\right)^2} = \frac{9\sqrt{2}}{2}$$

（2）　図 2 において，平面 OBG の切り口は太線 OG であるから，平面 OBG と AC との交点は点 J である［この点(図 1 の○)に着目することがポイント！］.

すると，平面 ABCD を取り出した図 3 において，平面 OBG の切り口は太線 BJ となり，I はこの太線と CD との交点である．

図 2 において，網目部分の合同より，LJ＝JC

このとき，図 3 において，網目部分の相似より，

AB : CI＝AJ : JC＝3 : 1　∴　$CI = \frac{AB}{3} = 1$

（3）　C から面 BGI に引いた垂線の長さ h を求めればよい(☞図 1)．

$$G\text{-}BCI = \frac{1}{3} \times \frac{3 \times 1}{2} \times 3 = \frac{3}{2} \quad \cdots\cdots\cdots ①$$

一方，△BGI は，IB＝IG＝$\sqrt{3^2 + 1^2} = \sqrt{10}$ の二等辺三角形であるから，BG の中点を M とすると，$IM = \sqrt{(\sqrt{10})^2 - \left(\frac{3\sqrt{2}}{2}\right)^2} = \frac{\sqrt{22}}{2}$ ⋯②

∴　$C\text{-}BGI = \frac{1}{3} \times \frac{3\sqrt{2} \times ②}{2} \times h = \frac{\sqrt{11}}{2} h$ ⋯③

①＝③より，$h = \frac{3}{\sqrt{11}} = \frac{3\sqrt{11}}{11}$

➡注　C-BGI は，面 CIM に関して対称ですから，垂線はこの面上にあって，図 4 のようになります．こで，網目の三角形は △CIM と相似ですから，

$$h = CI \times \frac{CM}{IM} = \frac{3\sqrt{11}}{11}$$

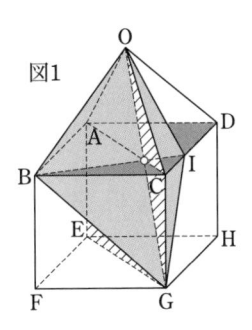

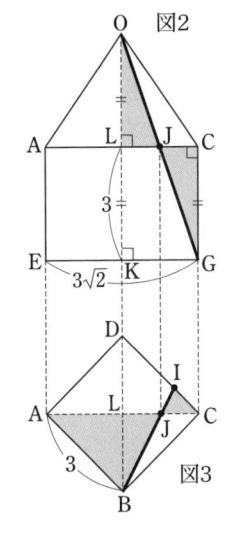

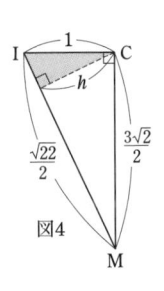

117

11. [☞p.87] (2), (3) 問題文にある見取り図に加えて，断面が直線に見える方向からの図も用意します．
（4） 平面 PQRS の下の部分は'三角柱切断形'なので，p.37 の公式☆を使うことにします．

解 （1） $v = \left(\dfrac{\sqrt{3}}{4} \times 1^2 \times 1\right) \times 2 = \dfrac{\sqrt{3}}{2}$

（2） 平面 ABC による V の断面は図1の太線部のようになり（Y は辺 QR との交点），△BQR の正面から見た図は図2のようになる（太線が断面，M は QR の中点）．

図2で，網目部は合同であるから，
$$BY = CY = \dfrac{1}{2} \times \sqrt{\left(\dfrac{1}{2}\right)^2 + (\sqrt{3})^2} = \dfrac{\sqrt{13}}{4} \quad \cdots ①$$

よって，断面の面積は，
$$1 \times ① + \dfrac{1 \times ①}{2} = \dfrac{3}{2} \times ① = \dfrac{3\sqrt{13}}{8}$$

（3） 求める立体（三角柱＋四角錐）の体積は，
$$\dfrac{v}{2} \times \dfrac{1}{4} + \dfrac{1}{3} \times \left(\dfrac{1}{4} \times 1\right) \times \dfrac{\sqrt{3}}{2} = \dfrac{\sqrt{3}}{16} + \dfrac{\sqrt{3}}{24} = \dfrac{5\sqrt{3}}{48}$$

（4） 図2と同じ方向から見た新たな断面は，図3の太線部のようになる．ここで，QX＝x とし，断面と辺 CD との交点（☞注）を Z とする．
$$CZ = \dfrac{1}{2} - 2XM = \dfrac{1}{2} - 2\left(\dfrac{1}{2} - x\right) = 2x - \dfrac{1}{2} \quad \cdots ②$$

より，求める立体の体積は，
$$\dfrac{v}{2} \times x + \dfrac{\sqrt{3}}{4} \times 1^2 \times \dfrac{x + x + ②}{3}$$
$$= \dfrac{\sqrt{3}}{4}x + \dfrac{\sqrt{3}}{12}\left(4x - \dfrac{1}{2}\right) = \dfrac{7\sqrt{3}}{12}x - \dfrac{\sqrt{3}}{24}$$

これが，$\dfrac{1}{4}v = \dfrac{\sqrt{3}}{8}$ に等しいことから，$x = \dfrac{2}{7}$

➡注　$\dfrac{5\sqrt{3}}{48} = \dfrac{5}{24}v < \dfrac{1}{4}v$ なので，$x >$ QY $\left(= \dfrac{1}{4}\right)$ で，新たな断面は，辺 CD と交わります．

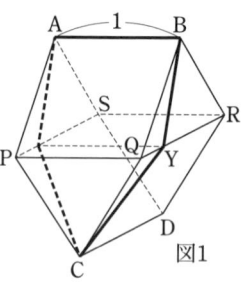

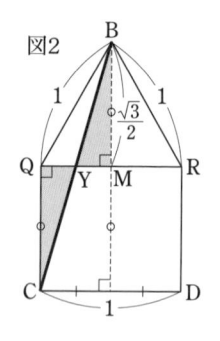

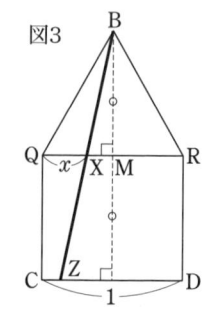

118

12. [☞p.89] （2）の十面体の体積は，正八角柱から（8個の）合同な三角錐を取り除いて求めますが，（1）でも同様の発想をしてみます．

解 （1） 図形全体を真上から見ると，図3のようになる（Oは円柱の上底面の中心）．

ここで，太線部は正六角形であり，その1辺の長さは，
$$BD(=OB)=3 \quad \cdots\cdots ①$$
また正八面体の1辺の長さは，
$$AB=\sqrt{3}\,OB=3\sqrt{3} \quad \cdots ②$$

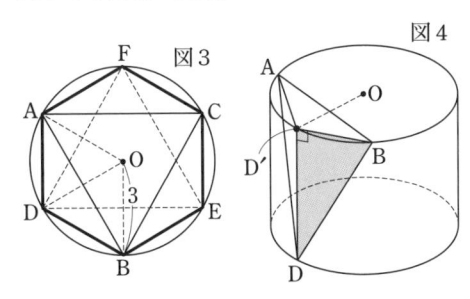

このとき，図4のように，上底面の周上でDの真上の点をD'とすると，BD'=①，BD=②であるから，求める円柱の高さは，
$$DD'=\sqrt{②^2-①^2}=3\sqrt{2}$$

➡注 1辺の長さが a の正八面体について，本問のような「円柱の高さ」（平行な2面ABCとDEF間の距離）が $\dfrac{\sqrt{6}}{3}a$ となることについては，☞p.69．

なお，本問の正八面体の体積を，（2）のようにして求めると，
（六角柱）－（三角錐 D-ABD'）×6
$$=\left(\dfrac{\sqrt{3}}{4}\times 3^2\right)\times 6\times 3\sqrt{2}-\left\{\dfrac{1}{3}\times\left(\dfrac{\sqrt{3}}{4}\times 3^2\right)\times 3\sqrt{2}\right\}\times 6=27\sqrt{6}$$

（2） （1）と同様の図5で，太線部は正八角形であり，その1辺の長さを x とすると，
$$x^2=BE^2=BI^2+EI^2$$
$$=\left(\dfrac{a}{\sqrt{2}}\right)^2+\left(a-\dfrac{a}{\sqrt{2}}\right)^2$$
$$=(2-\sqrt{2})a^2$$

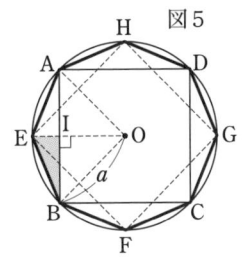

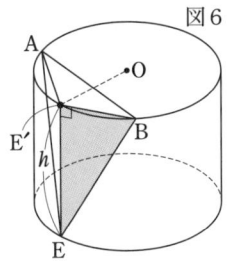

また正方形の1辺の長さを y とすると，$y^2=BA^2=2a^2$

このとき，図6において，$h^2=EE'^2=BE^2-BE'^2=y^2-x^2=\sqrt{2}\,a^2$

次に，図5で，$\triangle OBE=\dfrac{1}{2}\times OE\times BI=\dfrac{1}{2}\times a\times\dfrac{a}{\sqrt{2}}=\dfrac{\sqrt{2}}{4}a^2 \quad \cdots\cdots ③$

$\triangle ABE=③\times 2-\triangle OAB=\dfrac{\sqrt{2}}{2}a^2-\dfrac{1}{2}a^2=\dfrac{\sqrt{2}-1}{2}a^2 \quad \cdots\cdots ④$

よって，求める十面体の体積は，

(八角柱)−(三角錐 E-ABE′)×8 = ③×8×h − $\left(\frac{1}{3}×④×h\right)×8$

$= \left\{2\sqrt{2} - \frac{4(\sqrt{2}-1)}{3}\right\}a^2h = \frac{2\sqrt{2}+4}{3} × \frac{h^2}{\sqrt{2}} × h = \frac{2+2\sqrt{2}}{3}h^3$

13. [☞p.92] '平行光線'による影の場合にも，適切な断面を取り出して影の長さをとらえましょう．(1)がそのヒントになっています．

解 （1） 底面の対角線の交点を M とすると，面 OAC による切り口は図1のようになる．ここで，△ACH∽△AOM（二角相等）……①

AM：AO = $\sqrt{2}a/2$：$2a$ = 1：$2\sqrt{2}$ であるから，①の3辺比は，1：$2\sqrt{2}$：$\sqrt{7}$ ($=\sqrt{(2\sqrt{2})^2-1^2}$)

∴ CH = CA × $\frac{\sqrt{7}}{2\sqrt{2}}$ = $\frac{\sqrt{7}}{2}a$ ……②

（2） C の影を C′ などと表すと，(1)より対角線 CA の影は C′O であり，C′O = CH = ②

一方，BD は床と平行である(*)から，

B′D′ = BD = $\sqrt{2}a$ ……③

よって求積すべき影は，図2の網目部のようなひし形となって，その面積は，$\frac{②×③}{2} = \frac{\sqrt{14}}{4}a^2$

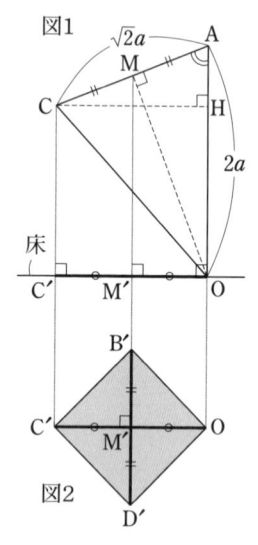

➡**注** 図形全体は図1の平面に関して対称ですから，上の(*)が言えます．

14. [☞p.94] 立方体についてのいろいろな知識(以下の解の──部など)があれば，(2)まではこなせそうですが，それでも(3)は考えにくいでしょう．

解 面 AEGC を取り出すと，図アのようになる(M，N は中点)．ここでまず，

NG：GC = $\sqrt{2}/2$：1 = 1：$\sqrt{2}$ = GC：CA

より，△NGC∽△GCA であるから，

○ = ● ∴ ○ + × = ● + × = 90°

よって，NC⊥AG (同様に EM⊥AG)である．

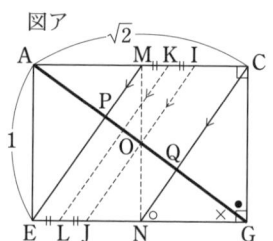

120

第2部・練習問題の解答

次に，AP：PG＝AM：EG＝1：2，同様に，AQ：QG＝2：1であるから，AP：PQ：QG＝1：1：1
すなわち，AP＝PQ＝QG である．

（1） 題意のとき，水面の切り口は図アの CN，すなわち水は，右図の網目部分となる．

水面は正三角形 CHF であるから，その面積は，
$\frac{\sqrt{3}}{4} \times (\sqrt{2})^2 = \frac{\sqrt{3}}{2}$，水の量は，$\frac{1^3}{6} = \frac{1}{6}$

（2） 題意のとき，水面の切り口は図アの IJ，すなわち水は，右図の網目部分となる．

水面は，図のような正六角形（頂点はすべて辺の中点）であるから，その面積は，
$\left\{\frac{\sqrt{3}}{4} \times \left(\frac{\sqrt{2}}{2}\right)^2\right\} \times 6 = \frac{3\sqrt{3}}{4}$，水の量は，$\frac{1^3}{2} = \frac{1}{2}$

➡注 一般に，直方体は対角線の交点（本問ではO）に関して点対称な図形なので，そこを通る平面によって体積を2等分されます．

（3） 題意のとき，水面の切り口は図アの KL であるから，水面は右図の太線のような六角形になる．

ここで，DR：RC＝MK：KC＝1：3
などから，水面の面積は，
（正三角形 STU）－（正三角形 SVR）×3
$= \frac{\sqrt{3}}{4} \times \left(\frac{5\sqrt{2}}{4}\right)^2 \times \left\{1 - \left(\frac{1}{5}\right)^2 \times 3\right\} = \frac{11\sqrt{3}}{16}$

別解 ［図2］において，真上から見ると，立方体は右図のような正六角形に見え（＊），水面は図の太線のような六角形になる．

ここで，△ABC＝S とすると，
$\triangle CRW = S \times \left(\frac{3}{4}\right)^2$, $\triangle DRV = S \times \left(\frac{1}{4}\right)^2$

であり，BD＝$\sqrt{2}$ より，AB＝$\frac{\sqrt{2}}{\sqrt{3}}$ であるから，求める面積は，
$S \times 6 - \left(\frac{9}{16}S + \frac{1}{16}S\right) \times 3 = \frac{33}{8}S = \frac{33}{8} \times \left\{\frac{\sqrt{3}}{4} \times \left(\frac{\sqrt{2}}{\sqrt{3}}\right)^2\right\} = \frac{11\sqrt{3}}{16}$

➡注 上の（＊），および解答中の——部については，☞p.95．

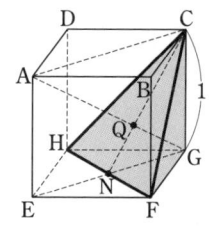

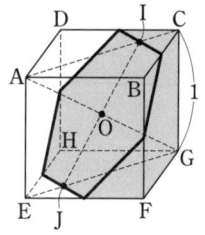

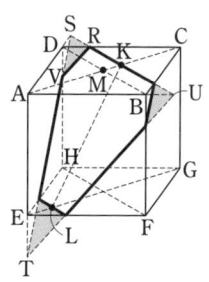

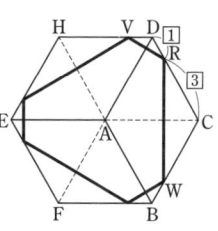

121

15. [☞p.94] 円柱を斜めに切ると，上下に同じ体積をもつ部分が現れます．そして，容器から水がこぼれない限り，傾け方によらず，BC＋OA の値は変わらないはずですね．

解　（1）　右図で，濃い網目部は，底面の半径が 3，高さが 2 の円柱とする．

このとき，水面より上の太線部（空の部分）と下の薄い網目部の体積は等しいから，求める差は濃い網目部の体積となり，$3^2\pi \times 2 = \mathbf{18\pi}$ ……………①

（2）　（1）より，水の体積は，

$$① + \frac{3^2\pi \times (23-2)}{2} = 18\pi + \frac{189}{2}\pi = \frac{\mathbf{225}}{\mathbf{2}}\pi$$

（3）　A＝D のとき，容器を真横から見た右図で，（1）と同様に，（太線部）＝（薄い網目部）であるから，濃い網目部は（1）の場合と等しく，BC＝**2** である．

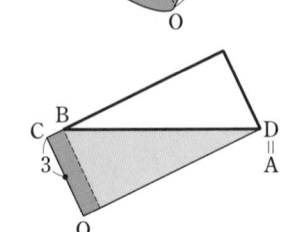

16. [☞p.98] ①，②の操作による点と線分の回転が**見え易い図**を工夫しましょう．

解　操作①を，図 1 の面 BFGC の正面から見ると，図 2 のようになる（N は辺 EF の中点で，M が移った点を M_1 などとする）．

また，操作②を，図 2 の面 $D_1A_1B_1C_1$ の正面から見ると，図 3 のようになる（M_1 が移った点を M_2 などとする）．

（1）　点 G は，操作①で，図 2 の $\overset{\frown}{GG_1}$（中心 F，中心角 90°）を描き，操作②で，図 3 の $\overset{\frown}{G_1G_2}$（中心 E，中心角 90°）を描くから，求める和は，$\overset{\frown}{GG_1} + \overset{\frown}{G_1G_2}$

$$= (2\pi \times 4) \times \frac{1}{4} + (2\pi \times 4\sqrt{2}) \times \frac{1}{4}$$

$$= \mathbf{2(1+\sqrt{2})\pi}$$

（2）　線分 DM が操作①で描く図形は，図 2 の網目部（円柱の側面の一部）であるから，

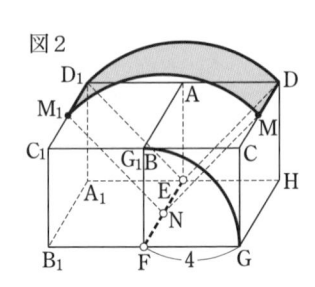

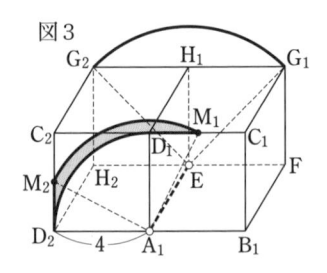

122

第 2 部・練習問題の解答

その面積は，$\left\{(2\pi \times 4\sqrt{2}) \times \dfrac{1}{4}\right\} \times 2 = 4\sqrt{2}\,\pi$ ……………①

また，操作②で描く図形は，図3の網目部であるから，その面積は，
(扇形 $A_1M_1M_2$) + $\triangle A_1M_2D_2$ − $\triangle A_1M_1D_1$ − (扇形 $A_1D_1D_2$)

= (扇形 $A_1M_1M_2$) − (扇形 $A_1D_1D_2$) = $A_1M_1{}^2 \times \dfrac{1}{4} - A_1D_1{}^2\pi \times \dfrac{1}{4}$

= $\dfrac{\pi}{4} \times (A_1M_1{}^2 - A_1D_1{}^2) = \dfrac{\pi}{4} \times D_1M_1{}^2 = \dfrac{\pi}{4} \times 2^2 = \pi$ …………②

よって，求める和は，①+② = $(4\sqrt{2}+1)\pi$

➡注　操作①，②とも，立方体を90°回しているので，各点もまた90°回っています．

17. [☞p.101] (1)は立体図形の回転，(2)(ⅱ)は平面図形の回転です．後者では，円柱から2つの円錐をくりぬきます．

解　(1) 立方体の回転体は，底面の半径が AH(=BG)，高さが AB の円柱となるから，その体積は，$\pi \times (10\sqrt{2})^2 \times 10 = \mathbf{2000\pi}$

(2)(ⅰ) 下の展開図で，$\triangle PQR \backsim \triangle PAB$ で，相似比は 1:4 であるから，

$QR = AB \times \dfrac{1}{4} = 10 \times \dfrac{1}{4} = \dfrac{5}{2}$ …………………………①

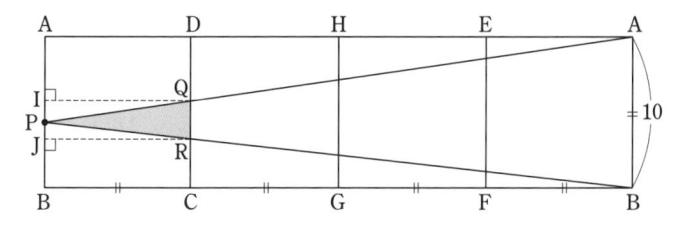

(ⅱ) 上図のように I, J をとり，長方形 IJRQ, △PQI, △PRJ の回転体の体積を順に v_1, v_2, v_3 とすると，求める体積は，

$v_1 - (v_2+v_3) = 10^2\pi \times ① - \left(\dfrac{1}{3} \times 10^2\pi \times PI + \dfrac{1}{3} \times 10^2\pi \times PJ\right)$

$= 10^2\pi \times ① - \dfrac{1}{3} \times 10^2\pi \times (PI+PJ) = 10^2\pi \times ① - \dfrac{1}{3} \times 10^2\pi \times ①$

$= 10^2\pi \times ① \times \left(1 - \dfrac{1}{3}\right) = 100\pi \times \dfrac{5}{2} \times \dfrac{2}{3} = \mathbf{\dfrac{500}{3}\pi}$ ………………②

➡注　点Pが辺 AB 上のどこにあっても，①，②に変わりはありません．

123

18. [☞p.103] （3）（2）の結果に加えて，相似な図形を利用しましょう．

なお，注の知識がある人は，（1）～（3）とも，答えがすぐに分かってしまいますネ！

解 （1） 対称性より，H は正三角形 BCD の中心であるから，図1のようになる．

ここで，△HMD は30°定規形であるから，

$$HD = MD \times \frac{2}{\sqrt{3}} = 2 \times \frac{2}{\sqrt{3}} = \frac{4\sqrt{3}}{3} \quad \cdots\cdots\cdots ①$$

$$\therefore \quad AH = \sqrt{AD^2 - HD^2}$$

$$= \sqrt{4^2 - ①^2} = \frac{4\sqrt{6}}{3} \quad \cdots\cdots\cdots ②$$

（2） 面 ABM 上では図2のようになって（P は球 P の中心），角の二等分線の定理により，

$$AP : PH = AM : MH = 3 : 1$$

$$\therefore \quad p = PH = AH \times \frac{1}{3+1} = ② \times \frac{1}{4} = \frac{\sqrt{6}}{3}$$

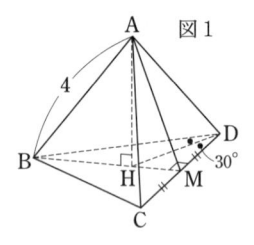

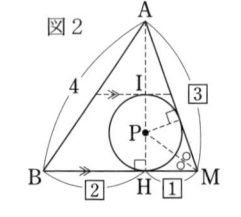

（3） （2）より，図2の点 I は AH の中点である．よって，I を通り底面に平行な平面で切ると，A を含む立体は，A-BCD を $\frac{1}{2}$ に相似縮小した正四面体である．

球 Q はその小正四面体の内接球であるから，$q = \dfrac{p}{2} = \dfrac{\sqrt{6}}{6}$

➡注 一般に，1辺の長さが a の正四面体において，高さは，$h = \dfrac{\sqrt{6}}{3}a$

また，内接球の半径は，$\dfrac{h}{4} = \dfrac{\sqrt{6}}{12}a$

（なお，外接球の半径は，$PA = \dfrac{3}{4}h = \dfrac{\sqrt{6}}{4}a$ （☞p.47））

124

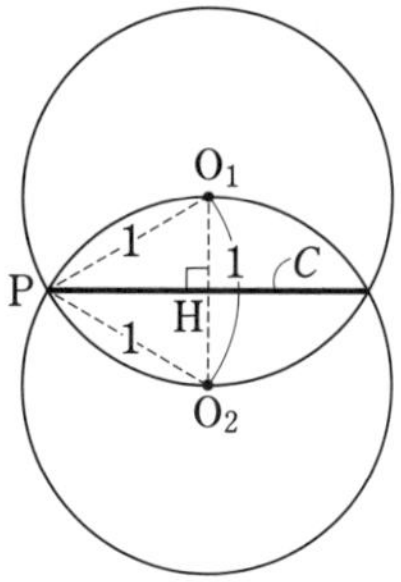

第 2 部・練習問題の解答

19. [☞p.106] （2） 球と正八面体との接点を含む対称面を取り出します．

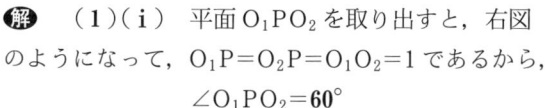

解 （1）（ⅰ） 平面 O_1PO_2 を取り出すと，右図のようになって，$O_1P=O_2P=O_1O_2=1$ であるから，
$$\angle O_1PO_2 = 60°$$

（ⅱ） 右図で，H は C の中心であり，C の半径は，
$$HP = 1 \times \frac{\sqrt{3}}{2} = \frac{\sqrt{3}}{2}$$

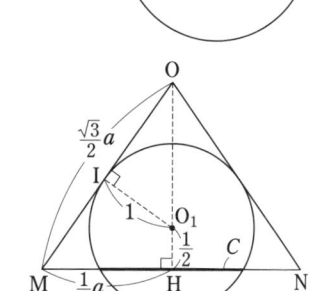

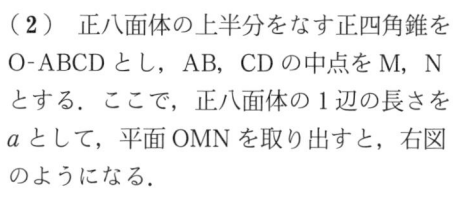

（2） 正八面体の上半分をなす正四角錐を O-ABCD とし，AB，CD の中点を M，N とする．ここで，正八面体の 1 辺の長さを a として，平面 OMN を取り出すと，右図のようになる．

$\triangle OO_1I \sim \triangle OMH$ で，これらの 3 辺比は，$1:\sqrt{2}:\sqrt{3}$ であるから，OH の長さについて，$\frac{\sqrt{2}}{2}a = \sqrt{3} + \frac{1}{2}$ ∴ $a = \frac{2\sqrt{3}+1}{\sqrt{2}} = \frac{2\sqrt{6}+\sqrt{2}}{2}$

別解 上では対称面を取り出しましたが，もう 1 つの定石である**体積を利用**（☞p.18）してみます．

『解の O-ABCD の体積を V とすると，
$$V = \frac{1}{3} \times \square ABCD \times OH = \frac{1}{3} \times a^2 \times \frac{\sqrt{2}}{2}a = \frac{\sqrt{2}}{6}a^3 \quad \cdots\cdots ①$$
一方，$V = O_1\text{-OAB} \times 4 + O_1\text{-ABCD}$
$$= \left\{ \frac{1}{3} \times \left(\frac{\sqrt{3}}{4} \times a^2 \right) \times 1 \right\} \times 4 + \frac{1}{3} \times a^2 \times \frac{1}{2} = \frac{\sqrt{3}}{3}a^2 + \frac{1}{6}a^2 \quad \cdots\cdots ②$$
①＝②を整理して，$\sqrt{2}a = 2\sqrt{3} + 1$ ∴ $a = \frac{2\sqrt{6}+\sqrt{2}}{2}$ 』

20. [☞p.106] 問題文に，「底面の中心と 3 つの球の中心は同じ平面上にあって」とあります．当然，この平面を取り出します．

まず，球の半径 r と，円柱の高さ h との関係式を求めましょう（これが，（1）と（2）の両方に通用する'公式'となる）．

125

解 円柱の底面の中心と3球の中心を含む平面を取り出すと，右図のようになる（●は中心，○は接点）．球の半径をr，円柱の高さをhとして，右図のように点Hをとる．ここで，

$$O_3O_2 = 2r, \quad O_3H = \frac{h}{2} - r, \quad O_2H = 6 - 2r$$

であるから，$\triangle O_2O_3H$において，

$$(2r)^2 = \left(\frac{h}{2} - r\right)^2 + (6 - 2r)^2$$

整理すると，$h^2 - 4rh + 4r^2 - 96r + 144 = 0$ …①

（1） $h = 12$ を①に代入して，整理すると，$r^2 - 36r + 72 = 0$

∴ $r = 18 \pm 6\sqrt{7}$　　$r \leq 3$ より，**$r = 18 - 6\sqrt{7}$** ($= 2.1\cdots$)

（2） $r = \dfrac{5}{2}$ を①に代入して，整理すると，$h^2 - 10h - 71 = 0$

$h > 0$ より，**$h = 5 + 4\sqrt{6}$** ($= 14.7\cdots$)

21. [☞p.108] （1）も（2）も，'規則性'を活用しましょう．（2）では，例題同様の'骨格図'を書きますが，まずは2段の場合を考えてみます．

解 （1） 上からa段目には，球が，$1 + 2 + 3 + \cdots + a$（個）あるから，この値をb（個）とし，1～a段目にある球の総数をc（個）とすると，上表のようになる．

a	1	2	3	4	5	6	7	8
b	1	3	6	10	15	21	28	36
c	1	4	10	20	35	56	84	120

よって答え（100以下で最大のcの値）は，**84個**．

（2） $a = 1$ の球の中心をO，$a = 2$ の球の中心をA～Cとし，それらを結ぶと，右図の太実線のような1辺の長さが2の正四面体ができる（○は球と球の接点，△は球Oの最高部と球A～Cの最低部）．

よって，$a = 2$ までの立体の高さは，

$$OH + 1 \times 2 = \left(\frac{\sqrt{6}}{3} \times 2\right) + 2 = \frac{2\sqrt{6}}{3} + 2$$

同様に考えて，（1）の場合（$a = 7$）の立体の高さは，$\dfrac{2\sqrt{6}}{3} \times (7 - 1) + 2 = \mathbf{4\sqrt{6} + 2}$

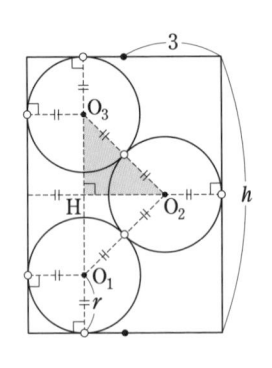

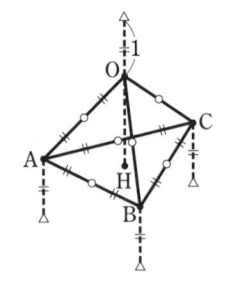

第3部 ランダム演習

問題 ……………………… p.128〜131
解答・解説 ……………… p.132〜141

　ここでは，以上の第1部・第2部で収容しきれなかったタイプの問題，あるいは，重ねて演習しておきたい重要問題などを取り上げます．
　立体図形の学習の総仕上げとして，挑戦してみましょう．

ランダム演習

1. 右図の立体 ABC-DEF は三角柱で，
∠ABC=90°，AB=5，AD=BC=10 である．
辺 BE 上の点を P とする． 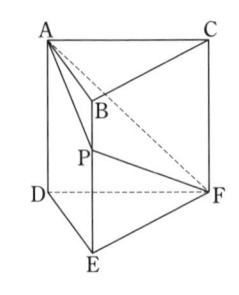
 （1） AF の長さを求めなさい．
 （2） 3点 A，P，F を通る平面が面 ADFC と
 垂直であるとき，△APF の面積を求めなさい．
 （3） △APF が二等辺三角形になるとき，BP
 の長さを求めなさい．

（10　専修大松戸）

2. 図の五面体 ABCDE は，上面 ABC は
正三角形，側面の四角形 ABED は∠D
と∠E が直角の台形，△BEC は∠E が
直角の直角三角形，△ADC は∠D が直
角の直角三角形，底面の△CDE は鋭角
三角形である．AD=13，DC=16，
CE=19 とする． 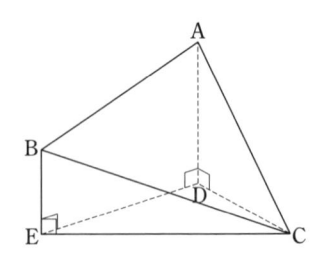
 （1） 辺 AB，BE，ED の長さを求めなさい．
 （2） 五面体 ABCDE の体積を V とする．辺 DE の中点を M とし，五面体 ABCDE を△ACM と△BCM によって3つの部分に分けるとき，辺 AB を含む部分の体積を V_1 とする．$\dfrac{V_1}{V}$ を求めなさい．
 （3） 面 ABED において，辺 AB の垂直二等分線と辺 DE の交点を F とし，五面体 ABCDE を△ACF と△BCF によって3つの部分に分けるとき，辺 AB を含む部分の体積を V_2 とする．$\dfrac{V_2}{V}$ を求めなさい．

（09　久留米大付）

3. 図のような正四角錐 O-ABCD において，底面 ABCD は 1 辺の長さが 6 の正方形で，OA＝OB＝OC＝OD＝6 です．また，辺 OB 上に点 P，辺 OD 上に点 Q がそれぞれあり，OP＝OQ＝4 とします．さらに，3 点 A，P，Q を通る平面が辺 OC と交わる点を R とします． 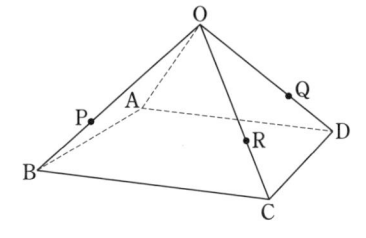
　（1）　線分 OR の長さを求めなさい．
　（2）　立体 O-APRQ の体積は，立体 O-ABCD の体積の何倍であるかを求めなさい．
　（3）　点 O から平面 APRQ に垂線を下ろし，その垂線と平面 APRQ との交点を H とします．線分 OH の長さを求めなさい．
　　　　　　　　　　　　　　　　　　　　　　　　　　（11　東邦大付東邦）

4★ 図 1 は 1 辺の長さが 2 の正三角形 4 つでできた正四面体 A-BCD である．図 2 は図 1 の正四面体を 3 辺 AB，AC，AD で切り離し，側面であった 3 つの正三角形 ABC，ACD，ADB を開いた図である．図 2 において，3 点 A，A′，A″ は図 1 の点 A であった点である．AB⊥BC，A′B⊥BD，A″C⊥BC のとき，3 点 A，A′，A″ を線分で結び，立体 AA′A″-BCD を作る．
　（1）　立体 AA′A″-BCD の辺 AA′ の長さを求めなさい．
　（2）　立体 AA′A″-BCD の体積を求めなさい．　　　（11　渋谷幕張）

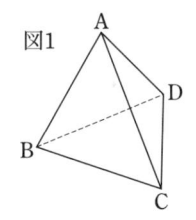

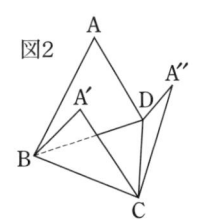

5. 1 辺の長さが 2 である立方体の各面の対角線の交点を結んで出来る正八面体について，次の各問いに答えなさい． 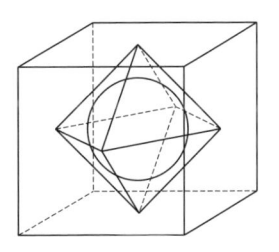
　（1）　正八面体の 1 辺の長さを求めなさい．
　（2）　正八面体の体積を求めなさい．
　（3）　正八面体に内接する球の半径を求めなさい．　　（11　法政大女子）

6★ 右の図形は，1辺の長さが1の正方形と，1辺の長さが1の正六角形4個からなる図形である．この図形を展開図とし，辺 AE と辺 AL，辺 BF と辺 BG，辺 CH と辺 CI，辺 DJ と辺 DK をはり合わせた容器を作る．

（1） 正方形 ABCD を底面としてこの容器に水を入れるとき，最大限入れることのできる水の体積を求めなさい．

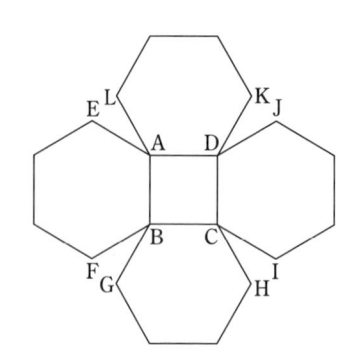

（2） この容器の5つの面すべてに接する球の半径を求めなさい．

(11　開成)

7. 右の図のように，平らな板に1辺の長さが6の正三角形 ABC の穴と直径が6の円の穴があいている．ただし，板の厚みは考えないものとする．

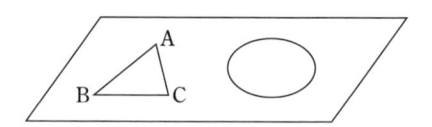

（1） 立方体を正三角形 ABC の穴に入れようとしたとき，A，B，C のいずれもが立方体の辺の中点にくるまで入った．この立方体の体積を求めなさい．

（2） 高さが底面の半径の3倍である円錐がある．この円錐をその底面が板に平行になるようにして正三角形 ABC の穴に入れようとしたとき，円錐の高さの半分のところまで入った．この円錐の体積を求めなさい．

（3） 正四面体をその底面が板に平行になるようにして円の穴に入れようとしたとき，正四面体の高さの半分のところまで入った．この正四面体の体積を求めなさい．

(11　大阪星光学院)

8. 図のように，天井に光源 P，球の中心 Q，球の影の中心 R が床に垂直な直線上に並んでいる．影は半径 $3\sqrt{2}$ の円，PQ＝3，QR＝9 のとき， 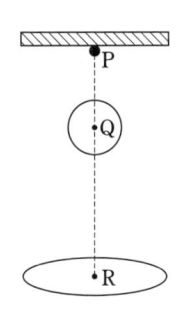
(1) 球の半径を求めなさい．
(2) 球の真下に，立方体を底面が床に接するように置く．球の影が形と面積を変化させないように，立方体の体積を最も大きくするとき，その立方体の体積を求めなさい．　　　　　（06　沖縄尚学）

9★ 右の図のように，ひし形 BCDE を底面とする四角錐 A-BCDE を作る．ただし，B(1, 0)，C(0, 2)，D(−1, 0)，E(0, −2) であり，点 A を原点 O の真上 OA＝1 の位置にとる． 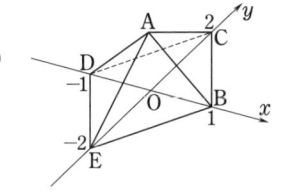
(1) △ABC の面積は □ で，点 O から △ABC に垂線 OH をひいたとき，OH の長さは □ である．
(2) 辺 AE 上に AP：PE＝1：2 となる点 P をとり，P を通って △ABC に平行な平面と辺 BE，CD，AD との交点をそれぞれ Q，R，S とする．点 Q の座標は(□, □)で，点 R の座標は(□, □)である．また，四角形 PQRS の面積は □ である．
　　　　　（10　大阪星光学院）

10. 平面 P 上に，直交する x 軸と y 軸をとり，点(3, 3)で接するように半径 5 の球を置く．
(1) 原点を通り，この平面 P に垂直な直線を考える．このとき，直線が球によって切り取られる線分の長さを求めなさい．
(2) 平面 P と垂直な平面 Q を考える．2 つの平面 P，Q の交わりは y 軸である．このとき，平面 Q によって球が切り取られてできる断面の面積を求めなさい．　　　　　（12　本郷）

131

ランダム演習・解答

1.（2）で，「2つの平面の垂直」の条件をどう活かすかが問題です．平面ADFCを底面とする図を書いてみると，分かりやすいでしょう．

解（1） $AF^2 = AC^2 + CF^2$
$= (AB^2 + BC^2) + CF^2 = (5^2 + 10^2) + 10^2 = 225$
$\therefore AF = 15$ ……………①

（2） 図2のように，平面ADFCを a とし，B, P, E から a に下ろした垂線の足を B′, P′, E′ とすると，BE // a より，PP′ = BB′ (= EE′) ……②
△AB′B ∽ △ABC で，これらの3辺比は，
$1 : 2 : \sqrt{5}$ であるから，

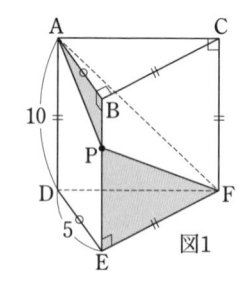

$$② = AB \times \frac{2}{\sqrt{5}} = 5 \times \frac{2}{\sqrt{5}} = 2\sqrt{5} \quad \cdots ③$$

△APF ⊥ a …④ より，

$$\triangle APF = \frac{1}{2} \times AF \times PP′ = \frac{1}{2} \times ① \times ③$$
$$= 15\sqrt{5}$$

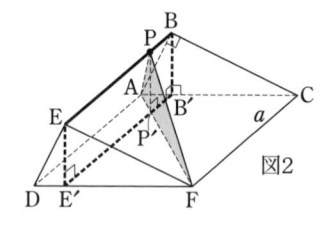

➡注 平面ABC⊥a より，B′は平面ABCとaの交線であるAC上（E′はDF上）にあります．これと同様に，④のとき，P′はAF上（*）にあって，PP′⊥AF ですから，～～のようになります．
なお，（*）によりPの位置が確定し，
$BP : PE = B′P′ : P′E′ = AB′ : E′F = AB′ : B′C = 1 : 4$
より，$BP = BE \times \frac{1}{1+4} = 10 \times \frac{1}{5} = 2$

（3） $AP < AE (= AC) < AF$, $FP < FB < AF$ であるから，△APF が二等辺三角形のとき，$AP = FP$ …⑤ である．
$BP = x$ とすると，図1で，
$AP^2 = AB^2 + BP^2 = 5^2 + x^2$, $FP^2 = PE^2 + EF^2 = (10-x)^2 + 10^2$
これと⑤より，$25 + x^2 = 200 - 20x + x^2$ $\therefore 20x = 175$ $\therefore x = \dfrac{35}{4}$

2. (2), (3) 「3つの部分」はすべて，Cを頂点とする高さの等しい三角錐なので，体積比は底面積の比になります。

解 （1） $AB = AC = \sqrt{13^2 + 16^2} = \sqrt{425} = 5\sqrt{17}$ ……①
$BE = \sqrt{BC^2 - CE^2} = \sqrt{①^2 - 19^2} = 8$ …②
また，図1のようにHを定めると，
$ED = BH = \sqrt{AB^2 - AH^2}$
$= \sqrt{①^2 - (13-②)^2} = 20$ ……③

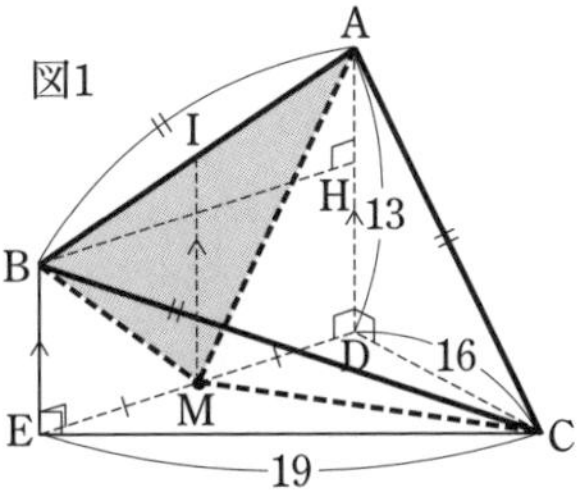

（2） Cを頂点と見ると，高さは等しいので，$\dfrac{V_1}{V} = \dfrac{\triangle ABM}{\triangle ABED}$ ……④

ここで，$\triangle ABED = \dfrac{(②+13) \times ③}{2} = 210$ ……⑤

また，$\triangle BEM + \triangle ADM = \dfrac{1}{2} \times \dfrac{③}{2} \times ② + \dfrac{1}{2} \times \dfrac{③}{2} \times 13$
$= 40 + 65 = 105$ ……⑥

∴ ④$= \dfrac{⑤-⑥}{⑤} = \dfrac{105}{210} = \dfrac{1}{2}$

➡**注** 図1のようにIをとると，$MI = \dfrac{AD+BE}{2}$ なので，実際に面積を計算しなくても，④$=\dfrac{1}{2}$ と分かります。

（3） 図2のように，ABの中点をNとすると，$\triangle BFN \equiv \triangle AFN$ より，BF=AF
よって，EF=x とおくと，
$8^2 + x^2 = (20-x)^2 + 13^2$
∴ $40x = 505$ ∴ $x = \dfrac{101}{8}$

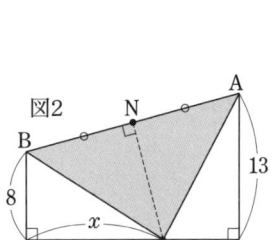

このとき，$FD = 20 - x = \dfrac{59}{8}$

すると，$\triangle BEF + \triangle FDA = \dfrac{1}{2} \times 8 \times \dfrac{101}{8} + \dfrac{1}{2} \times \dfrac{59}{8} \times 13 = \dfrac{1575}{16}$ ……⑦

よって，（2）と同様に，$\dfrac{V_2}{V} = \dfrac{⑤-⑦}{⑤} = 1 - \dfrac{⑦}{⑤} = 1 - \dfrac{15}{32} = \dfrac{\mathbf{17}}{\mathbf{32}}$

3. 図形全体は，面 OAC に関して対称です．（1）～（3）を通して，このことが利いてきます．

解　（1）図1のように，O から底面 ABCD に下ろした垂線の足を I，AR と PQ の交点を S とする．

△OAC≡△BAC（三辺相等）
より，対称面 OAC は図2のようになる．

ここで，OS：SI＝OP：PB＝2：1 より，図2のように I′をとると，

　　　　OR：RI′：I′C＝2：1：1

よって，R は OC の中点であるから，OR＝**3**

➡**注**　「OR＝RC」は，"メラネウスの定理"（☞p.142）によっても導かれます．

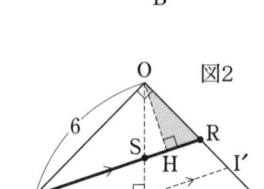

（2）$\dfrac{\text{O-APR}}{\text{O-ABC}} = \dfrac{\text{OP}}{\text{OB}} \times \dfrac{\text{OR}}{\text{OC}} = \dfrac{2}{3} \times \dfrac{1}{2} = \dfrac{1}{3}$

対称性により，$\dfrac{\text{O-AQR}}{\text{O-ADC}} = \dfrac{1}{3}$ であるから，$\dfrac{\text{O-APRQ}}{\text{O-ABCD}} = \dfrac{\mathbf{1}}{\mathbf{3}}$（倍）

（3）垂線 OH は，対称面上にあるから，図2のようになる．ここで，△OHR∽△AOR（二角相等），これらの3辺比は，$1:2:\sqrt{5}$ であるから，

$$\text{OH} = \text{OR} \times \dfrac{2}{\sqrt{5}} = 3 \times \dfrac{2}{\sqrt{5}} = \dfrac{\mathbf{6\sqrt{5}}}{\mathbf{5}}$$

別解　（2）より，O-APRQ＝O-ABCD$\times \dfrac{1}{3}$

$$= \left(\dfrac{1}{3} \times 6^2 \times 3\sqrt{2}\right) \times \dfrac{1}{3} = 12\sqrt{2} \quad \cdots\cdots\cdots ①$$

一方，□APRQ＝$\dfrac{\text{AR} \times \text{PQ}}{2} = \dfrac{3\sqrt{5} \times 4\sqrt{2}}{2} = 6\sqrt{10}$ $\cdots\cdots\cdots ②$

$\dfrac{1}{3} \times ② \times \text{OH} = ①$ であるから，OH$= \dfrac{① \times 3}{②} = \dfrac{12\sqrt{2} \times 3}{6\sqrt{10}} = \dfrac{\mathbf{6\sqrt{5}}}{\mathbf{5}}$

4.（1） A，A′から平面BCDに下ろした垂線の足H，H′が主役です．側面を開いていくときのH，H′の動きをとらえて，垂直の条件があるときのそれらの位置を的確に定めましょう．

解　（1）　切り離す前のAの位置をA_0とし，A_0，Aから平面BCDに下ろした垂線の足をそれぞれO(正三角形BCDの中心)，Hとする．

BDの中点をMとすると，△ABDを開いていくとき，Hは半直線OM上を動く（＊）．

AB⊥BCのとき，これと，AH⊥平面BCDより，三垂線の定理から，HB⊥BC

よって，平面BCD上で，Hは図4の位置にある．

A′から底面BCDに下ろした垂線の足をH′とすると，A′B⊥BDのとき，同様にH′は図4の位置にある．

対称性により，AH＝A′H′であるから，□AA′H′Hは長方形である．よって，

$$AA' = HH' = BH \times \sqrt{3} = \frac{2}{\sqrt{3}} \times \sqrt{3} = \mathbf{2}$$

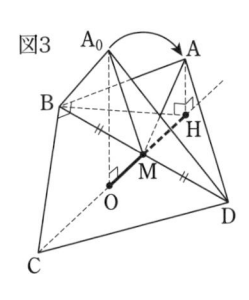

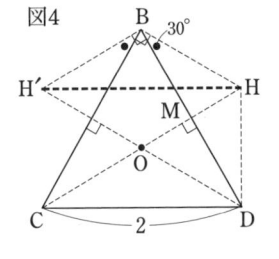

➡**注**　（＊）については，☞p.96．また，"三垂線の定理"については，☞p.11．なお，△BH′H≡△HBDより，H′H＝BD＝2とすることもできます．

（2）（1）と同様に，A′A″＝A″A＝2．よって，立体AA′A″-BCDの8つの面はすべて1辺の長さが2の正三角形であるから，正八面体である．

よって，その体積は，$\left(\dfrac{1}{3} \times 2^2 \times \sqrt{2}\right) \times 2 = \dfrac{8\sqrt{2}}{3}$

➡**注**　正八面体の体積については，☞次問の（2）の解答．

5. '正八面体の埋め込み(☞p.69)' の 1 つの例です．
（3）では，大きく 2 つの解法が考えられます(☞p.46)．

解　（1）　右図で，● を立方体の各辺の中点とし，また正八面体の頂点(図の○)を A〜F とする．

網目部は，それぞれ等辺の長さが 1 の直角二等辺三角形であるから，正八面体の 1 辺の長さは，　　BC=$\sqrt{2}$　………………①

（2）　右図で，AH=1 …②　であるから，正八面体の体積は，

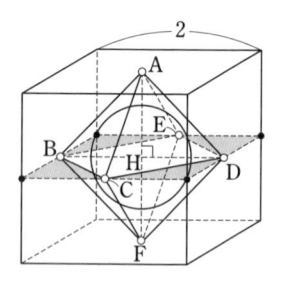

$$\text{A-BCDE} \times 2 = \left(\frac{1}{3} \times ①^2 \times ②\right) \times 2 = \frac{4}{3} \quad \text{………………③}$$

（3）　内接球の中心は H(正八面体・立方体の中心)であり，その半径を r とすると，③=(三角錐 H-ABC)×8=$\left\{\frac{1}{3} \times \left(\frac{\sqrt{3}}{4} \times ①^2\right) \times r\right\} \times 8$

より，$\frac{4}{3} = \frac{4\sqrt{3}}{3} r$　∴　$r = \frac{1}{\sqrt{3}} = \frac{\sqrt{3}}{3}$

➡**注**　────では，H と頂点 A〜F を結んで，正八面体を 'H を頂点とする 8 個の合同な三角錐' に分割しています(r が三角錐の高さになる)．

別解　［対称面を取り出す．］
　　BC，DE の中点を M，N とし，△AMN を取り出すと，右図のようになる．
　　ここで，網目の三角形は △AMH と相似で，これらの 3 辺比は，$1:\sqrt{2}:\sqrt{3}$ であるから，

$$r = \text{AH} \times \frac{1}{\sqrt{3}} = \frac{\sqrt{3}}{3}$$

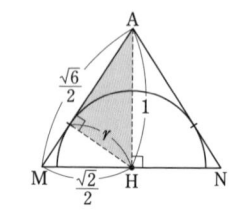

6.（1） 四角錐台の容積を求めることになります．
　（2） 球と側面との接点が現れる対称面を取り出します(☞注)．

解　（1） 図1の太線部のような四角錐台の容積 V を求めればよい．

ここで，図のようにPをとると，PA=1 などから，四角錐 P-EFIJ のすべての辺の長さは2，四角錐 P-ABCD のすべての辺の長さは1であるから，

$$V = \frac{2^2 \times \sqrt{2}}{3} \times \left\{1^3 - \left(\frac{1}{2}\right)^3\right\} = \frac{7\sqrt{2}}{6}$$

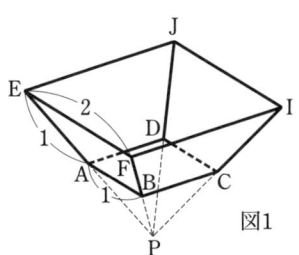

（2） EF，IJ の中点をそれぞれ M，N として，平面 PMN を取り出すと，図2のようになる（O は球の中心で，○ は接点）．

図のように点 Q，R，S を定めると，

$$SR = SQ = \frac{1}{2}, \quad PS = \frac{\sqrt{3}}{2}$$

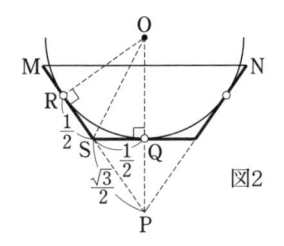

また，△OPR∽△SPQ で，これらの3辺比は，$1 : \sqrt{2} : \sqrt{3}$ であるから，

球の半径は，$OR = PR \times \dfrac{1}{\sqrt{2}} = \dfrac{\sqrt{3}+1}{2} \times \dfrac{1}{\sqrt{2}} = \dfrac{\sqrt{6}+\sqrt{2}}{4}$

➡**注**　図1の△PEI なども'対称面'ですが，この上には'球と側面との接点'がないので，うまくいきません．

7.（2）では'正三角形に円が内接する'形が，また（3）では'円に正三角形が内接する'形が，それぞれ現れます。

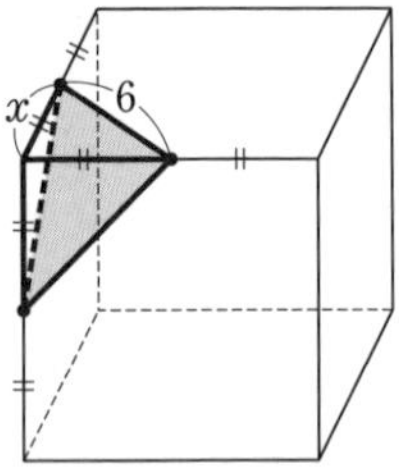

解　（1）　右図の網目部が，正三角形 ABC の穴に重なるから，立方体の1辺の長さは，
$$x \times 2 = \frac{6}{\sqrt{2}} \times 2 = 6\sqrt{2}$$
よって，求める体積は，$(6\sqrt{2})^3 = \mathbf{432\sqrt{2}}$

（2）　正三角形 ABC の内接円の半径は，図アで，
$$OH = \frac{BH}{\sqrt{3}} = \frac{3}{\sqrt{3}} = \sqrt{3} \quad \cdots ①$$
このとき，円錐の底面の半径 r は（☞図イ），
$$① \times 2 = 2\sqrt{3} \quad \cdots\cdots ②$$
すると，円錐の高さは，
$$② \times 3 = 6\sqrt{3} \quad \cdots\cdots ③$$
よって，求める体積は，$\dfrac{②^2 \pi \times ③}{3} = \mathbf{24\sqrt{3}\,\pi}$

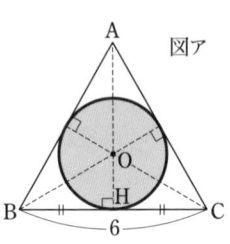

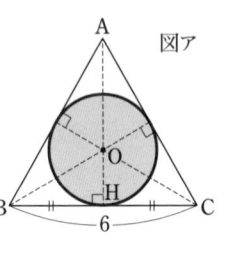

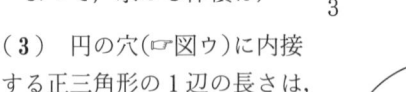

（3）　円の穴（☞図ウ）に内接する正三角形の1辺の長さは，
$$3 \times \sqrt{3} = 3\sqrt{3} \quad \cdots\cdots ④$$
このとき，正四面体の1辺の長さ y は（☞図エ），
$$④ \times 2 = 6\sqrt{3} \quad \cdots\cdots ⑤$$
よって求める体積は，$\dfrac{\sqrt{2}}{12} \times ⑤^3 = \mathbf{54\sqrt{6}}$

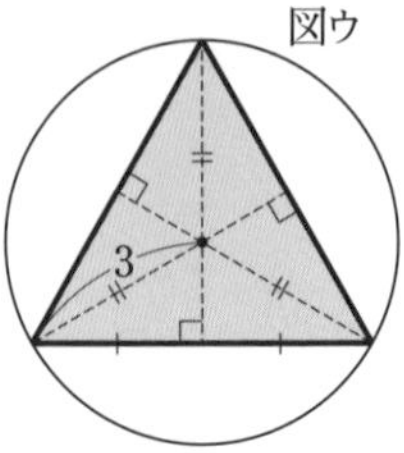

➡**注**　正四面体の体積については，☞p.17.

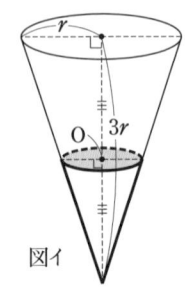

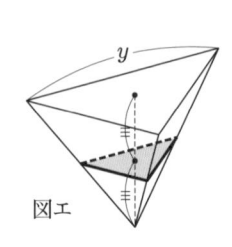

8.（2） 本問では，'円錐に立方体が内接する'形が現れます．
（1）も（2）も，錯覚し易い部分があるので，要注意です（☞注）．

解　（1）　PRを含む平面を取り出すと，右図のようになる（網目部分は球の影）．

　　ここで，△PQH∽△PIR　…………①
　　　IR：PR＝$3\sqrt{2}$：12＝1：$2\sqrt{2}$
より，①の3辺比は，
　　1：$2\sqrt{2}$：3（＝$\sqrt{1^2+(2\sqrt{2})^2}$）

であるから，球の半径は，QH＝PQ×$\dfrac{1}{3}$＝**1**

➡**注**　正しくは「QH⊥PI」ですが，ずさんな図を書いて，「球の半径∥RI…㋐」などと錯覚しないように注意！（㋐とすると，半径は，RI/4＝$3\sqrt{2}$/4となる…）

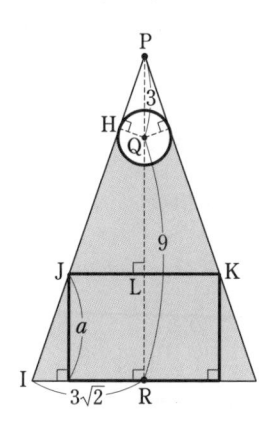

（2）　題意を満たすのは，図のJKが立方体の上底面の対角線となる場合である．

　　ここで，立方体の1辺の長さを図のようにaとすると，

　　JL＝$\dfrac{JK}{2}$＝$\dfrac{\sqrt{2}}{2}a$　であり，△PJLも①と相似であるから，

　　　　JL：PL＝$\dfrac{\sqrt{2}}{2}a$：$(12-a)$＝1：$2\sqrt{2}$　∴　a＝4

よって，求める体積は，a^3＝**64**

➡**注**　二等辺三角形に'正方形'を内接させた図を書いて，JKもaと錯覚しないように注意！（すると，a＝$12(\sqrt{2}-1)$となる…）

9.（1） 垂線 OH の長さは，定石通り**体積を経由**して求めます（なお，☞別解）。

（2）「面 PQRS // 面 ABC」ですから，これらを同じ平面で切った切り口は**平行線**になります(☞p.6)。

解（1） △ABC は，右図のような二等辺三角形であるから，AB の中点を M とすると，

$$CM = \sqrt{(\sqrt{5})^2 - \left(\frac{\sqrt{2}}{2}\right)^2} = \frac{3\sqrt{2}}{2} \quad \cdots\cdots ①$$

$$\therefore \quad △ABC = \frac{1}{2} \times \sqrt{2} \times ① = \frac{3}{2} \quad \cdots\cdots\cdots ②$$

このとき，三角錐 O-ABC の体積について，

$$\frac{1}{3} \times \frac{1 \times 2}{2} \times 1 = \frac{1}{3} \times ② \times OH \quad \therefore \quad OH = \frac{1}{②} = \frac{2}{3}$$

別解 三角錐は，面 OMC に関して対称であるから，OH はこの面上にあって，右図のようになる。

ここで，△COH∽△CMO で，これらの3辺比は，$1:3:2\sqrt{2}$ であるから，

$$OH = CO \times \frac{1}{3} = 2 \times \frac{1}{3} = \frac{2}{3}$$

（2） PQ // AB, QR // BC, RS // CA であるから，
$$AP:PE = BQ:QE$$
$$= CR:RD = AS:SD = 1:2$$

よって，$Q\left(\dfrac{2}{3}, -\dfrac{2}{3}\right)$, $R\left(-\dfrac{1}{3}, \dfrac{4}{3}\right)$

次に，PS : QR = PS : ED = 1 : 3
また，QP と RS の交点を T とすると，
△TQR ≡ △ABC（☞注）より，

$$▱PQRS = △TQR \times \left\{1 - \left(\frac{1}{3}\right)^2\right\}$$

$$= △ABC \times \frac{8}{9} = ② \times \frac{8}{9} = \frac{4}{3}$$

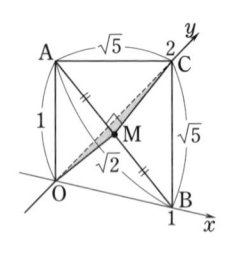

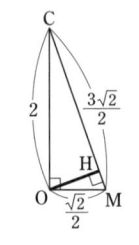

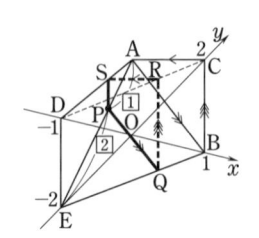

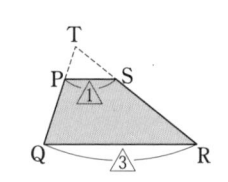

➡**注** △TQR と △ABC で，∠Q = ∠B, ∠R = ∠C, QR = BC ですから，二角夾辺相等により，合同になります。

140

10. (1)では球の中心から切り取られる直線へ，(2)では球の中心から切り取られる平面 Q へ，それぞれ垂線を下ろし，三平方に結び付けます．

解　（1）　原点 O を通り平面 P に垂直な直線を l，点 $(3, 3)$ を A，球の中心を O′ とする．l と O′ を含む平面を取り出すと，右図のようになる．ここで，H は O′ から l に下ろした垂線の足，R，S は l と球 O′ との交点である．

　O′H＝AO＝$3\sqrt{2}$ であるから，

　　RS＝2RH＝$2\sqrt{5^2-(3\sqrt{2})^2}$＝$\mathbf{2\sqrt{7}}$

（2）　O′ から Q へ下ろした垂線の足(切り口の円の中心)を I とすると，

　　O′I（＝A の x 座標）＝3

　よって，切り口の円の半径を r とすると，求める面積は，$\pi r^2=\pi(5^2-3^2)=\mathbf{16\pi}$

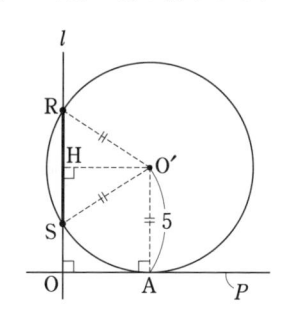

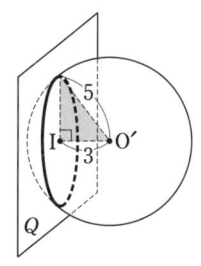

他分野の定理・公式集

　立体の分野の定理・公式や重要な知識は，例題や解説を通して説明してきましたが，他の分野のものについては，この本では詳しく述べられていません．

　そこで，本書で用いられている他分野の定理・公式などを，ここにまとめておくことにします．

1 解の公式

　2次方程式 $ax^2+bx+c=0$（$a\neq 0$）…①　を解くときに，①の左辺が因数分解できない or 因数分解しにくいような場合は，次の"解の公式"を使いましょう．①の解は，$x=\dfrac{-b\pm\sqrt{b^2-4ac}}{2a}$　で与えられます．

2 角の二等分線の定理

　右図で，ADが∠Aの二等分線のとき，
$x:y=a:b$　が成り立ち，これを"角の二等分線の定理"といいます．
　[証明は，$x:y=\triangle ABD:\triangle ACD=a:b$
（$\triangle ADH\equiv\triangle ADI$ に注意）]

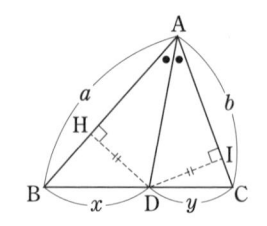

3 メネラウスの定理

　右図のように，$\triangle ABC$と，その各辺（またはその延長）に交わる直線 l がある図形において，
$\dfrac{a}{b}\times\dfrac{c}{d}\times\dfrac{e}{f}=1$ …②　が成り立ち，これを"メネラウスの定理"といいます．

　[証明は，l に平行な補助線を引いて，辺AB上にすべての比を集める．]

　➡注　②は，「$\triangle ABC$の頂点を●，l と各辺との交点を○として，●と○を交互にたどる（スタートはどこでもよい）」と覚えておきましょう．

4 正三角形 & 頂角が 120°の二等辺三角形

1辺の長さが a の正三角形の面積は，

$$\frac{1}{2} \times a \times h = \frac{1}{2} \times a \times \frac{\sqrt{3}}{2}a = \frac{\sqrt{3}}{4}a^2 \quad \cdots\cdots\cdots ③$$

一方，'頂角が 120°（底角が 30°）の二等辺三角形'の等辺の長さを a とすると（右図の矢印のように回転すると正三角形となることから），その面積も③となります．また，

$$BC = BM \times 2 = \frac{\sqrt{3}}{2}a \times 2 = \sqrt{3}\,a$$

ですから，**AB：BC＝1：$\sqrt{3}$** になります．

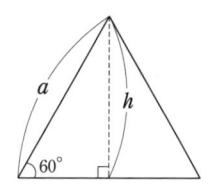

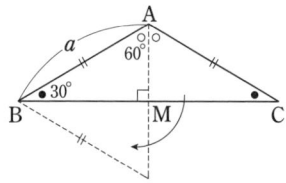

5 直角三角形の外心

直角三角形の外心（外接円の中心）は，斜辺 AC の中点 M です．なぜなら，右図のように長方形 ABCD を作ってみると，MA＝MC＝MB（＝MD）が成り立つことが分かるからです．

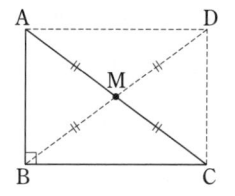

6 三角形の内接円

△ABC の内心（内接円の中心）を I とすると，右図のようになって，

AB＋AC－BC
＝$(a+b)+(a+c)-(b+c)=2a$

よって，$a = \dfrac{AB+AC-BC}{2}$ が成り立ちます．

（b，c も同様にして求められる．）

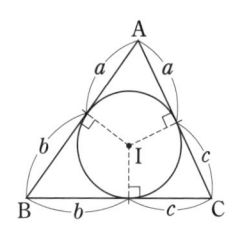

7 方べきの定理

右図で，二角相等より，△PAC∽△PDB

∴ $a:d = c:b$ ∴ $ab = cd$ ………④

この④を"方べきの定理"といいます．

"方べきの定理"は，点 P が円の内部にある場合にも，全く同様に成り立ちます（証明も同様）．

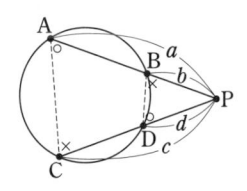

解法のエッセンス シリーズ全7冊

教科書レベルから難関高校レベルへの飛躍を目指す！

▶本書は、標準〜難関高校受験を目指す中学生向けの分野別解説書。
▶教科書レベルから難関高校入試レベルへの橋渡しが目的。
▶重要定理や公式、必須知識を、例題で学習し、例題よりやや難しめの練習問題を解くことにより、理解度を確認できる。
▶例題・練習問題は、近年の高校入試問題より学習効果の高い良問を精選。

立体図形編	(ISBN978-4-88742-192-9)	A5判・144ページ・定価：本体1,200円+税
関数・座標編	(ISBN978-4-88742-196-7)	A5判・168ページ・定価：本体1,300円+税
整　数　編	(ISBN978-4-88742-201-8)	A5判・112ページ・定価：本体1,100円+税
確　率　編	(ISBN978-4-88742-205-6)	A5判・128ページ・定価：本体1,100円+税
円　　編	(ISBN978-4-88742-208-7)	A5判・160ページ・定価：本体1,300円+税
文 章 題編	(ISBN978-4-88742-210-0)	A5判・128ページ・定価：本体1,100円+税
直線図形編	(ISBN978-4-88742-214-8)	A5判・176ページ・定価：本体1,400円+税

高校への数学　解法のエッセンス／立体図形編

平成25年3月10日　第1版第1刷発行　　　定価はカバーに表示してあります．
令和6年4月5日　第1版第5刷発行

　　編　者　東京出版編集部
　　発行者　黒木憲太郎
　　発行所　株式会社　東京出版
　　　　〒150-0012　東京都渋谷区広尾3-12-7
　　　　電話 03-3407-3387　振替 00160-7-5286
　　　　https://www.tokyo-s.jp/
　　整 版 所　錦美堂整版株式会社
　　印刷・製本　株式会社技秀堂
　　　　落丁・乱丁本がございましたら、送料小社負担にてお取替えいたします。

©Tokyo shuppan 2013 Printed in Japan　　　ISBN978-4-88742-192-9